延展實境消費者體驗的大革命

100多種虛擬實境、擴增實境和混合實境的實際範例，正以驚人的方式改變商業和社會

Extended Reality in Practice - 100+ Amazing Ways Virtual, Augmented and Mixed Reality Are Changing Business and Society

BERNARD MARR

WILEY

致我的妻子克萊兒和我的孩子索菲亞、詹姆斯和奧利弗；

以及所有正在與即將使用令人驚嘆的 *XR* 技術，

讓這個世界變得更美好的人。

目錄

簡介

為何 XR 浪潮日漸興起？

我一直想知道其他人是否用跟我「相同的方式」看待這個世界？我指的就是字面上的意思，而不是比喻的說法。舉例來說，其他人看到「綠色」的方式跟我看到的一樣嗎？我看到的事情真的和其他人完全一樣，或是我正在經歷一些「獨一無二」的事情嗎？畢竟就「什麼是現實？」這件事，對所有人來說，每個人的「現實」難道都是一樣的嗎？

雖然我可能永遠無法確定是否跟其他人用完全相同的方式看到「綠色」，但我所能做的——而且是我們都越來越能做到的——就是接受這種可以擁有「專屬於我的現實」概念。而這種想法則要歸功於「延展實境」（Extended Reality，以下簡稱 XR）的發展。

XR 模糊了真實世界和數位世界之間的界線，意味著它可以被用來創造出更加「個性化」的獨特體驗。目前這些個性化的體驗主要用在行銷、教育、旅遊等領域，創造所謂的「沉浸式體驗」（Immersive Experiences）。但在不久的將來，還可能會延伸到生活上的各個層面，每個人都可能將周遭的真實世界，變成自己專屬的「個性化」事物；你所需要的就是使用特殊的眼鏡、頭戴式裝置，甚至可能還更進一步發展成隱形眼鏡或植入物的形式。假設你討厭鄰居房屋外牆上的花俏油漆顏色，你的 XR 眼鏡可以直接幫忙把牆壁的顏色改掉，讓你只看得到自己喜歡的房屋外牆油漆色調；或是假設你看到一座令人印象深刻的建築，想知道是哪位建築師的作品或何時建造的？你的 MR 眼鏡也能告訴你，而且是把訊息直接呈現在你的眼前（也有可能是把手機鏡頭對準建築物，然後在手機螢幕上直接查看相關訊息）。

我們對這個世界的各種體驗，越來越常發生在真實世界和數位世界之間的模糊地帶。只要想想人們花在社交媒體上的時間，努力塑造自己在線上的形象就可以知道。很明顯的，數位世界和真實世界之間的界線，已經變得異常交錯，XR 更將加速這個過程。雖然這點聽起來彷彿不妙，但其實並非如此。我相信 XR 對世界的改變，或者對我們在事業上的改變，都可以讓一切變得更好，而且正如書中範例所示，這樣的改變正在進行中。

我必須先說明一下，這並不是一本「技術」書籍，也就是說，內容與如何「建構」XR 體驗無關。這本書是關於目前 XR 已經或即將在真實世界中出現的各種應用實例，並且會談到 XR 的現在和未來，各種令人難以置信的可能性。同時也會分析 XR 的各種實踐，如何在不同行業應用的情況，還有這些最先進的應用程式，對於未來的世界可能代表什麼意義？因此，我在撰寫這本書的時候，雖然考慮到商業領袖們的各種需求，但也希望任何對這項重要科技趨勢感興趣的人，都能在本書的字裡行間，找到鼓舞人心的精神食糧。

為何要寫這本書，為何現在寫這本書？

身為一位未來學家，我的工作便是展望未來，找出各種具有「革命性」的科技趨勢，並在這些趨勢開始成為主流之前，向大家預測這些趨勢。這是我先前在「人工智慧」（AI）和「大數據」等關鍵趨勢方面所做過的事情。有鑒於預估 2022 年的 XR 市場規模將達到 2,090 億美元，因此，我將其指定為另一個需要密切關注的新興趨勢。

我在新冠病毒危機爆發之前就已經規劃要出這本書，並在英國被封鎖期間開始寫作。在封鎖期間，XR 已更加明顯成為一種迅速崛起的科技趨勢，而且這項科技也已協助許多公司快速拓展了事業版圖。

在疫情大流行期間，我們的生活更仰賴於網路世界

在 COVID-19 逐漸成為我們生活裡的共存習慣之後，網路世界的生活就成為一種趨勢，因為它為企業提供了一種可以從舒適安全的家中，保持人與人聯繫的重要方式。而且幾乎在一夜之間，所有過去只能在辦公室工作的人，變成每天都在家裡進行視訊通話（每個人所用的「虛擬背景」也越來越令人印象深刻）。模擬在辦公室環境工作體驗的各種「新工具」也大量浮出水面。例如 Argodesign 設計公司的「人造窗」概念便是其中之一。這是一種掛在牆上的 LCD 螢幕，從外表看起來就像一扇拉下窗簾的窗戶。當你拉起窗簾，就可以透過這扇「窗戶」看到你的同事（或同事們），甚至可以像在真正的辦公室一樣，一起閒話家常或進行尷尬的眼神交流。

「虛擬會議」也是另一個很好的例子。由於大家突然不再選擇參加面對面的會議，因此虛擬會議體驗如 VirBELA 所提供的體驗，就可以用「沉浸式」的會議形式，彌補線上會議與真實會議或分組會議之間的差距。

如你所見，工作的觀念已經徹底改變了

包括我自己在內的許多專家都認為，COVID-19 將改變工作的本質，並逐漸偏向於「遠端工作」的模式。這也意味著我們的生活將變得更加數位

化，而數位體驗則必須變得更接近真實生活。真實世界和數位世界之間的交流也將變得更加無縫接軌，真實與虛擬之間的界線，會更加模糊。

想像在不久的將來，我們就可以在任何想要的虛擬環境中，舉行商務會議和團建活動。例如在美麗的野生動物度假村中的熊熊營火旁、在未來主義風格的辦公室裡、在海灘上開會，甚至在月球上開會？有何不可？ XR 讓這一切成為可能，你甚至不必離開家裡就能辦到。你還可以在虛擬觀眾面前，預先為公司產品的大型展演進行排練，然後才在真實世界進行這場展演。而在這場大型展演結束後，工作團隊可以一起參加（虛擬的）滾石樂團演唱會，或者從（虛擬的）公司貴賓包廂，觀看曼聯或達拉斯牛仔隊的比賽，盡情宣洩這場大型展演所帶來的工作壓力。

與客戶不斷發展的關係

COVID-19 病毒大流行也讓我們逐漸了解 XR 將如何改變「客戶體驗」。由於無法與真實世界的客戶建立實體聯繫，因此許多企業在封鎖下，面臨了適應或倒閉的嚴峻抉擇。幸好 XR 也能提供一種維持與客戶聯繫的方法，甚至為他們提供獨特、難忘的體驗。有一個很棒的例子是來自總部位於巴塞隆那的 Pronovias 婚紗公司，他們推出了虛擬陳列室和虛擬預約購買，讓客戶可以在家中選購最新系列的婚紗。展望未來，XR 還可以提供更多機會，讓客戶沉浸在他們喜愛的品牌中，並且可以「面對面」的享受客戶體驗。

一場技術的「完美風暴」

這本書及時出現的另一個原因，就是我們正在進入一場新的工業革命：第四次工業革命——被人工智慧和大數據所驅動的各種創新科技。這些科技不僅融入並強化了 XR 技術，其他科技趨勢如 5G、雲端計算和邊緣運算（edge computing，處理接近資料生成來源的數據，即分散式運算）也是如此。這場完美的科技風暴，有助於開發出新的 XR 解決方案，並在不久的將來，讓 XR 體驗變得更為強大。

延展實境簡介

我會在本書第一部分深入研究 XR 技術本身，不過現在先讓我們簡單了解一下 XR 的含義。XR 是一系列「沉浸式」技術的總稱，涵蓋我們目前已經擁有的技術，包括虛擬實境、擴增實境和混合實境，以及未來可能創造出來的其他實境技術。因此我們先就目前的技術說起：

- 虛擬實境（VR、Virtual Reality）：提供完全「身歷其境」的沉浸式體驗。也就是完全消除用戶的真實世界感受，進入電腦的模擬環境。VR 通常必須使用特殊的頭戴式裝置（headset，亦稱頭戴顯示器）或特殊眼鏡，例如 Oculus Rift 頭戴式裝置。

- 擴增實境（AR、Augmented Reality）：將數位對象或訊息「疊加」到真實世界上，融合了真實世界和數位世界的呈現畫面。例如讓許多人走上街頭的寶可夢遊戲（Pokémon GO），玩家可以在街上直接「看到」栩栩如生的神奇寶貝角色。也就是說，VR 創造的是一個模擬環境，但 AR 則非常植基於真實世界。與 VR 的最大不同點在於 AR 並不需要那些專業設備，只要智慧型手機附有鏡頭就可以辦到。

- 混合實境（MR，Mixed Reality）：介於上述兩者之間所建立的混合實境，讓數位和現實生活中的對象可以相互交流。舉例來說，用戶可以移動或操縱虛擬元素，彷彿它們真的就在你面前一樣。這點與 AR 有所不同，因為在 AR 中，用戶無法與覆蓋畫面的對象或訊息進行交流（例如點擊、放大縮小之類的操作）。

XR 很明顯的包含了一整個特定技術範圍，其中某些技術比其他技術更為先進、更令人印象深刻。有些可能需要特定硬體，有些則利用普通智慧型手機的功能即可辦到。由於用戶界面不斷的發展，因此未來我們很可能會以全新的方式體驗 XR。但從整個範圍看，XR 的各種不同技術都有一個共通點：強化或擴展了我們所體驗的「現實」。你可以將虛擬世界和真實世界融合在一起，創造出一種完全身歷其境的數位體驗，讓你可以將這種實境體驗，感受為真實世界。

像這樣創造更多身歷其境的數位體驗，或強化我們對周圍真實世界體驗的能力，將從根本改變許多行業和企業本身。它將為公司提供與客戶聯繫和互動的新方法，改善與客戶互動的流程。也將帶來令人振奮的各種新機會，以便改善各種行業的業務流程，甚至包括培訓、教育和人才招募等。

簡而言之，XR 會將各種訊息轉化為親身體驗。這點絕對會改變現狀，而且幾乎會改變一切。

令人難以置信（而且非常真實）的 XR 可能性

在本書的第二部分，我們將列舉目前在真實世界使用 XR 的實際案例，探索幾個全球最大的商業品牌，如何開始使用 XR。其分類討論如下：

- 日常生活：VR 能讓你成為更好的人嗎？這當然是「虛擬化身」概念背後的理念之一，讓用戶有機會從「別人的角度」來探索世界。舉例來說，哥倫比亞大學助理教授考特尼．科格伯恩（Courtney Cogburn）製作了一部名為《1000 Cut Journey》（1000 個剪輯鏡頭的旅行）的 VR 電影，讓觀眾體驗種族主義對非裔美國人的影響。你可以前往第 4 章，了解更多類似的、極具啟發性的實際案例。

- 零售業：我的女兒有配戴眼鏡。任何戴眼鏡的人都知道，尋找合適鏡架的傳統方法，就是在店裡花很長時間，試戴很多副不同眼鏡。這種做法是很麻煩的過程，尤其在 COVID-19 病毒大流行期間就更不必說了！ Warby Parker 等幾家眼鏡零售商現在正在使用 AR 來協助客戶「虛擬試戴」眼鏡。只要使用手機上的臉部掃描功能，像我女兒這樣的顧客，就能看到他們「戴上」不同眼鏡的臉部 3D 預覽，完全無須去商店試戴。請參閱第 5 章，以了解更多類似的零售和客戶參與範例。

- 培訓和教育：擴增實境（AR）和虛擬實境（VR）都在培訓和教育領域掀起巨浪。舉例來說，希爾頓的「VR 培訓計畫」結合使用了電腦影像和 360 度影片來模擬客房服務、客房整理和前台工作。這個計畫的目的是讓企業團隊成員，了解成為希爾頓一線員工的真實感受，這樣他們就比較不會製定出讓工作變得困難的各種政策。在第 6 章裡，你會看到更多來自培訓和教育領域的實際案例。

- 醫療保健：是否遇過抽血時，必須忍受護士或醫生努力尋找靜脈的緊張經歷？ AccuVeinAR 掃描儀可以改善這種情況。它可以預測手上的靜脈位置，協助醫療保健專業人員更輕鬆的找到靜脈。第 7 章有更多醫療保健上的實際範例。

- 娛樂業和運動業：為球迷創造「身歷其境」體驗的潛力，可以為體育和娛樂帶來許多好處。舉例來說，Oz Sports 推出的 OZARENA 就是一種 AR 體驗，可以把坐在家裡觀看球賽的球迷，帶到體育比賽現場，讓球迷能夠讓將看球的體驗變得「個性化」；我們甚至可以坐在體育場的前排座位上，直接「出現」在比賽現場。在第 8 章能夠看到更多與娛樂業和運動產業的實際案例。

- 房地產和建築業：藉由 VR 的協助，讓我們躺在床上即可賞屋。蘇富比豪華房地產經紀公司，已經為 iPhone 和 Android 用戶提供了「虛擬賞屋」的能力，讓 VR 可以徹底改變房地產的銷售方式。你甚至可以借助 VR，對尚未興建完成的房產進行虛擬賞屋。第 9 章將更詳細探討房地產和建築業的實際案例。

- 旅遊和飯店業：如果可以虛擬看屋的話，當然也可以在預訂飯店或度假村之前先行參觀一番，看看是否適合自己。許多豪華飯店業者已經提供了虛擬旅遊服務，例如杜拜棕櫚島亞特蘭提斯飯店。你可以在第 10 章，看到更多來自旅遊和飯店業的實際案例。

- 工業和製造業：雖然為噴射客機安排管線布局絕非易事，不過波音公司正在透過 AR 讓這件事變得更容易。波音技術人員藉由 Google GlassAR 技術，讓技師直接在眼前視野中，看到作業說明和操作影片，並可獲得有用的語音提示。這些輔助方式，都有助於讓布線過程變得更快、更準確。你可前往第 11 章，了解更多與製造業相關的實際使用範例。

- 執法人員和軍隊：美國陸軍正在使用 AR 技術來協助士兵提高「狀態意識」的能力。這項技術被稱為「戰術擴增實境」，其基本設備是一種眼戴裝置，可以協助士兵充分了解自己和周圍其他人（包括戰友和敵人）的位置。第 12 章還探討了其他軍事和執法上的實際用途。

在探索了 XR 目前最先進的各種技術之後，在本書的第三部分裡，我將展望未來，帶領大家了解 XR 未來的發展方向。

本章總結

我們在本章學習到以下重點：

- XR 模糊了真實世界和數位世界之間的界線。我們對這個世界的完整體驗，即將越來越偏向發生在真實世界和數位世界之間的「模糊地帶」。

- 在 COVID-19 病毒大流行期間，本已蓬勃發展的 XR 技術趨勢，突然變得更加重要和急迫。這樣的發展將會讓許多公司的業務因 XR 應用程式而進展快速。

- XR 是一系列沉浸式技術的總稱，包括虛擬實境（VR）、擴增實境（AR）和混合實境（MR）以及即將開發出來的各種新技術。

- XR 已經開始應用在零售、醫療保健、製造業等眾多行業中。這本書包含許多目前最新的 XR 實際應用範例。

我希望此處對 XR 的簡介，能夠激起各位的好奇，讓你渴望了解有關 XR 的更多用途。我們將在下一章，更詳細的研究 XR 科技。

參考來源

1. 何謂延展實境（XR）？ Visual Capitalist；https://www.visualcapitalist.com/extended-reality-XR/

1

何謂 XR 延展實境？

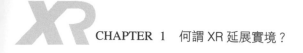

由於本書並非技術書籍，所以我們不會太過拘泥於技術細節，但仍值得花點時間來探索 XR 範圍下的各種不同科技。因此，本章為你提供了 XR 範疇內的基本知識，包括了各種 XR 科技的工作原理以及它們可以做到哪些事情？

XR 的定義

本書主要是展示 XR 的世界，以及說明 XR 科技如何改變我們的生活和事業。因此我並不想「嚴格定義」每種類型的延展實境，或是在不同技術之間劃清界線。

請記住，XR 指的是一個「範圍」的總稱

這點很重要，因為 XR 仍然是不斷發展中的領域，而且我們無法清楚界定某一種 XR 技術在哪裡結束，另一種技術又從哪裡開始？舉例來說，一般 XR 專家可能會拘泥於是否應該將某項應用歸類為 AR（擴增實境）或 MR（混合實境）。然而對我來說，這種歸納對定義 XR 沒什麼幫助，從商業角度來看，關聯性也不大。我認為讀者想要的應該是掌握 XR 的潛力，並了解它如何改善你在事業上的哪些部分，而且你應該也不想太執著於 AR 和 MR 之間的分界到底在哪裡。所以我假設各位讀者對 XR 的用途、結果和獲得的部分較感興趣，而不是侷限於學術辯論上。

值得注意的是，如同真實世界和數位世界之間的界線越來越模糊，不同 XR 技術之間的界線也一樣越來越模糊。隨著 XR 的發展，在 XR 大傘下

的各種技術區隔將變得越來越緊密，亦即用戶將可從一種技術「無縫」的轉移到另一種技術。

因此，將來你可能會利用 AR 把訊息帶到真實世界，然後切換到 VR 來加深體驗。舉例來說，假設你正在希臘的某座島上度假（現實生活），在 AR 下，你可以將手機對著一些令人印象深刻的大理石柱，螢幕上會跳出訊息，告訴你這些石柱曾經是進行古代神祕儀式地點的入口。接著你戴上 VR 眼鏡，便可踏進這個入口，在古希臘人民中穿行，而且不必穿長袍！我們將在本書最後一章，探討更多 XR 的未來應用，不過我比較期望看到的關鍵發展之一，就是各種 XR 技術之間更無縫的融合。

XR 技術持續不斷的發展

更重要的是，這些技術將以我們難以想像的方式繼續發展。各位是否記得幾年前對所有 3D 事物，興起一股短暫但強烈的熱潮嗎？例如《阿凡達》和《地心引力》等 3D 電影，模糊了一般觀影體驗與身歷其境體驗兩者之間的界線。接著人們便開始為家裡的客廳添購各種 3D 電視，希望在家裡的觀看體驗也能朝向類似的「沉浸式」方向發展。可惜這個概念並沒有如我們預期的真正起飛，於是製造商也悄悄讓 3D 電視的產線停擺。現在也開始出現了「全像顯示器」（Holographic Display），等於讓這種沉浸式的家庭觀影概念再度復興，並將其帶往新的方向。這類全像顯示器正在陸續開發中，它可以在 3D 螢幕上投射 3D 全像圖，讓你不必戴上笨重的 3D 眼鏡（這是過去 3D 顯示器的主要缺點）就能看到。這個例子展示了技術如何不斷向前發展，而且是走向一個讓生活裡的一切，都將變得更加身歷其境、更加數位化的未來。然而這些新科技的工作原理、能力，甚至技術的名稱等，都會不斷變化。同樣的事情也可能發生在 XR 範圍內，舉例來說，未來的數位顯示器也有可能讓我們不需特殊的頭戴式裝置或應用程式，就能將虛擬內容投射到真實世界中。

上述這些說明，代表一旦 XR 的發展與不同技術之間的界線變得更加模糊後，XR 技術的精確定義可能就比較沒那麼重要。這也就是為什麼我會說我們不該過於拘泥在 AR、VR 和 MR 等概念的定義和差異，更重要的應該是我們如何在真實世界中「應用」這些技術。

因此，為了將本書分類為易於理解的章節，我將嘗試在 AR、VR 和 MR 之間，建立一些較為鬆散的區隔。現在就讓我們從 AR 開始。

擴增實境：最容易使用的 XR 技術

對我來說，AR（Augmented Reality，擴增實境）在短期之內會具有最大的潛力，因為它不需要像 MR 眼鏡或 VR 頭戴式裝置這種特殊設備。在許多情況下，只需準備一部簡單的智慧型手機、筆電或平板電腦，上面帶有相機鏡頭和螢幕就可以了（當然也有專門設計的 AR 眼鏡，例如 Google 眼鏡，在本書的範例裡也會談到）。

何謂 AR 擴增實境？

無論是用專門設計的眼鏡，或簡單的智慧型手機來使用 AR，都會涉及到將訊息、圖形、動畫或圖像等數位元素，「投影」到真實世界中的情況，因此「疊加」上去的數位內容，看起來就像是真實世界的一部分。我在前面已經提過的寶可夢遊戲，便可作為解釋這項技術的基本範例，而那些幫你在自己的耳朵覆蓋上可愛動物耳朵的 Snapchat 濾鏡，則是另一個基本範例。還有 Google 的 SkyMap 應用程式，可以在你把智慧型手機的相機鏡頭對準天空時，秀出每個星座的相關訊息。IKEA Place 應用程式，則可讓你把宜家家居的家具以數位方式直接擺放在你房間裡，這樣你就可以在購買之前先確認一下是否擺得下、顏色樣式等外觀元素是否滿意。

由於這些數位元素是疊加在現實之上，所以用戶仍然與眼前的真實世界，保持著密切的關聯（與 VR 體驗的不同之處在於，VR 體驗圍繞用戶的是完全數位化所建構的虛擬世界）。然而有了 AR 投影之後，真實世界便得到了擴增。例如，訊息量更多、娛樂性更強或互動性更強等。

將訊息投射到擋風玻璃上的「抬頭顯示器」（Head-up Display）是 AR 的另一個特殊範例。這種技術最初是專為戰鬥機開發，讓飛行員可以在查看相關訊息時，還能保持視線向前。現在在汽車和卡車上，也都已經使用抬頭顯示器作為行車安全功能之一，讓駕駛不必分心低頭查看儀表板。這些顯示器會把即時訊息（例如 GPS 地圖或車輛的各種訊息），直接投射到擋風玻璃上（如果車輛標配了這項技術），或是投影到貼在擋風玻璃的膠片上（以及其他類似的投影技術）。這些方式跟在戰鬥機裡顯示的用意一樣，都是希望讓駕駛的視線保持在前方中央，讓他們可以直接看到所需訊息，而且不會妨礙他們觀看前方道路。

擴增實境如何運作？

AR 需要即時攝影鏡頭的拍攝，才能在真實世界的元素上添加數位內容。攝影鏡頭傳送的資料，讓 AR 系統理解外在實體世界的樣子，以便在正確位置添加適當的數位內容（舉例來說，緊貼在你鼻子上的小狗鼻子）。這一切都歸功於電腦視覺，也可稱為機器視覺（machine vision），這是人工智慧（AI）下的一種視覺判別，可以協助機器「看到」周圍的世界，並隨之做出相應的反應。

一旦擁有即時的現況攝影鏡頭傳送資料（無論傳送的內容是建築物、街道、人臉或其他元素），AR 系統就可以在現實生活環境上，呈現相關的數位內容，以確保疊加的內容正確、位置也正確。例如當你拿著手機走在街上時，這種擴增現實的內容，也會隨著攝影鏡頭的改變而即時更新。

透過虛擬實境，走進更沉浸式的環境

VR 提供了比 AR 更加「沉浸式」（身歷其境）的體驗。為了要做到這點，VR 需要更多的技術和基礎設施（至少要有 VR 頭戴式裝置）。好消息是 VR 套件已經逐漸變得更輕、更好、更方便。目前已經不再需要以大量電線、訊號線連接電腦的重型頭戴式裝置。現在也已經出現了不必連接電腦的輕型獨立式頭戴裝置、獨立式頭戴顯示器。這項技術也變得越來越便宜，例如只需幾美元就可以買到基本的 Google Cardboard VR 觀影盒，連同配套的應用程式，就可以把你的智慧型手機變成一個簡易 VR 設備。當然，如果你想要獲得最佳的 VR 體驗，目前仍然需要較為昂貴複雜的設備，例如整套的頭戴式裝置、控制器和揚聲器等。不過目前這項技術的趨勢已經朝向設備更小、更便宜且使用更簡易的方向前進。這些方面的改善，都有助於讓 VR 設備更容易取得。

何謂 VR 虛擬實境？

AR 植基於真實世界，VR 則創造了以電腦模擬出生態系統的 3D 影像、360 度體驗。只要戴上 VR 頭戴顯示器，便完全進入一個人造世界。例如你可以在海底探索珊瑚礁、在月球上行走、參觀古埃及金字塔或體驗任何事物。與此同時，在你周圍的真實世界被完全隔離。這類 VR 頭戴設備包括 Oculus Rift、HTC Vive、Gear VR 和前面提過的 Google Cardboard（對了，它真的是用紙板製成）。這些裝置的複雜程度各不相同，在體驗時帶來的流暢程度和影像的無縫程度，當然也都不一樣。

最早採用 VR 技術的當然是遊戲界，這也可能是人們在談到 VR 體驗時最先想到的內容。不過情況正如各位將在本書所見，現在已經有許多遊戲以外的其他行業，開始為客戶和員工們創造完全沉浸式的體驗內容。

Spatial 應用程式是一個比較新的 VR 範例。它算是一種「虛擬會議」空間，無論是否有 VR 頭戴式裝置，都可以跟同事或朋友見面。如果沒有頭戴式裝置的話，只要以手機、平板或電腦上的瀏覽器就可以加入。這是一種相當重要的演進，因為這代表沒有特殊 VR 套件的人，仍然可以加入體驗。Spatial 對所有人開放免費使用（付費的企業版有提供加強功能）。

你可以在 Spatial 裡使用虛擬化身的方式，在美麗的虛擬會議空間中與他人見面；也可以拍攝自己的大頭照，建立個性化的數位化身，而且感覺就像你真的在房間裡和別人一起聊天。更重要的是你的頭像可以在房間裡四處走動，並在你開口說話的時候做出相對應的手勢。你很可能會覺得這跟一般的 Zoom 或 Skype 體驗相差很多，因為那些體驗等於只是在看一堆 2D 的臉。Spatial 表示在 COVID-19 疫情爆發後，出現了 1,000% 左右驚人的成長。這個數字並不會讓我太過於驚訝，因為這種工具已經徹底改變了遠端工作的方式。

（順帶一提，我對使用「個性化頭像」的部分覺得最有趣，我們也可能在各種 XR 技術中，看到更多類似的東西。例如在不久的將來，大家可能都會在不同的數位設置下，使用不同的虛擬化身（avatar）。舉例來說，你可以為虛擬工作會議準備一個穿著漂亮衣服的化身，而在玩遊戲以及和朋友線上閒逛時，可以擁有另一個完全不同的化身（動物、人類……什麼都可以）。你也可以使用一個非常接近本人的化身，也就是可以準確反映你本人真實尺寸體型的虛擬化身，以便在購買衣服之前，用它來虛擬試穿。）

虛擬實境如何運作？（速度版）

視覺是建立沉浸式 3D 環境的關鍵，這就是我們需要特殊 VR 頭戴式裝置的原因。因此，VR 頭戴式裝置在本質上就是一個小螢幕（也可以說是兩個螢幕，每隻眼睛各一個）。音效當然也是創造具有連續、引人入勝體驗的重要關鍵，所以當然也是揚聲器和頭戴式裝置發揮優點之處。我們也可以使用頭部和眼動追蹤技術，來追蹤用戶的動作，還可以使用頭戴式裝置中的雷射點和紅外線 LED 燈，或手機中的感測器操作。在更複雜的設備系統中，還會在房間裡安裝特殊的攝影鏡頭和位置感測器來監控活動。

以混合實境結合真實世界和數位世界

我在前面提到現實和數位世界之間的界線，已經變得越來越模糊。MR，也就是混合實境，徹底實現了這種概念，透過結合來自 VR 和 AR 的元素，將其提升到更高的境界。目前為止，MR 是本書介紹的三種 XR 技術中，最不成熟的技術。然而，正如我們即將討論到的內容，已經有許多公司開始使用 MR 技術解決業務上的問題、支援新的事業規劃和改進業務流程等用途。

何謂 MR 混合實境？

MR 本身有許多令人困惑的定義，尤其是關於 MR 與 AR 的「組成」問題。我認為兩者的區別在於：MR 將數位世界的組件與真實世界即時融合，讓我們可以與數位元素進行「互動」，就好像它們是「真實的對象」一樣。光是這點就比簡單的 AR 體驗，具有更沉浸式的感受。舉例來說，MR 不只會看到在現實世界疊加的數位影像（就像前面說過的 AR 體驗一樣），還能讓你用手移動那個數位影像，你可以把它翻轉過來、從不同的角度檢視，讓它變大變小等。然而 MR 並不像 VR 體驗那樣完全隔開外在的真實世界，MR 可以讓你同時看到虛擬環境和真實世界。

我們以來自英國的 BAE Systems 公司作為 MR 的實際範例，該公司使用 MR 來加強旗下「電動巴士電池」的生產。BAE 工作人員使用 Microsoft 的 HoloLens MR 頭戴式裝置，可以直接將 3D 圖像和說明文件投影在他們的工作區上，讓他們可以依照數位說明的指示來建構工序極為複雜的電池。BAE 公司宣稱使用這項 MR 技術，可以把製造電池所需時間縮短 40%。

MR 如何運作？

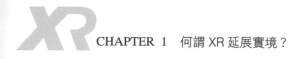

MR 需要專用的 MR 頭戴顯示器，以及比 VR 或 AR 更強的電腦處理能力；可能也需要使用控制器和運動追蹤技術（例如追蹤手部動作的手套），讓我們與數位對象進行互動。

在本書撰寫之際，微軟的 HoloLens 是市場上主流的 MR 頭戴式裝置，裝置上包括全像鏡頭、深度攝影鏡頭、各種感測器和揚聲器等。HoloLens 頭戴式裝置的顯示器可以讓你正常看到四周環境，但你也會看到覆蓋在真實世界之上的全像圖（hologram，例如虛擬人物、訊息或物件等）。只要使用控制器或特定手勢，就可以像把玩真實事物一樣，翻轉觸碰這些全像圖。舉例來說，你可能在真實的辦公室牆上，看到虛擬的待辦事項列表，你卻可以真的在完成某件事項後，將該項目從列表中刪除。

XR 技術的未來走向？

前面提過，我相信在不久的將來，AR、VR 和 MR 將會融合在一起，創造更加身歷其境的用戶體驗。也就是我們可以從一台設備轉移到另一台設備，加深體驗；或是從植基於真實世界的體驗，轉變為完全數位化的體驗。這種技術上的無縫融合走到最後，將可讓我們隨心所欲的觀看整個世界，亦即將周圍的真實世界，變成我們想要看到的任何東西。例如用粉紅色的樹取代綠色的樹、讓你的老闆變成一個卡通頭像、把平淡無奇的會議室變成一片熱帶雨林……等。

技術本身也會不斷進化。例如目前想要獲得完全身歷其境的 VR 體驗，必須使用特殊的手套甚至全身套裝，以便追蹤使用者的動作並模擬觸感。然而在不久的將來，一般攝影鏡頭將能與 XR 體驗結合，直接追蹤我們的動作。除此之外，「腦機介面」（brain-computer interface[註]）可以直接模擬觸覺，根本不需要任何外部技術；可能也會加入嗅覺的能力或是更自由的運動方式（使用全向跑步機之類的東西，可以讓你沿著想要前往的任何方向持續行走）。

我們會在第 13 章談到更多關於 XR「驅動」整個世界的未來願景。目前最重要的訊息就是：雖然理解 XR 技術「現在」可以辦到哪些事，顯然很有幫助，但更重要的是，我們要記住 XR 在「未來」將會以你無法想像的方式，持續成長。

本章總結

我們在本章學習到以下重點：

- XR 是一個技術範圍的總稱，因此，某種 XR 技術在哪裡結束或另一種技術在哪裡開始，並不能完全清楚的區隔。因此，本書側重於各種 XR 技術的實際應用，而非真實世界中不太具有實際意義的「學術定義」規範。

- 隨著 XR 的發展，我相信 XR 大傘下的各種技術，將會越來越緊密結合，用戶將能從一種體驗無縫的轉移到另一種體驗。舉例來說，我們可以從 AR 或 MR 轉移到 VR，然後再次返回。

註 提供大腦和機器（如電腦）之間溝通的介面，就像《駭客任務》一樣。

- AR 是指將數位元素（如文字或圖像）投射到真實世界中。因為並不需要特殊設備，所以在短期內最具潛力。在許多情況下，只需要一部智慧型手機即可。

- AR 植基於真實世界，VR 則創造一個更加身歷其境、完全模擬出來的生態系統。一旦戴上 VR 頭戴式裝置，你就像被傳送到 3D 影像、360 度的人造世界裡。在你周圍的真實世界，被隔絕在虛擬世界之外。

- MR 融合 VR 和 AR 的優點，創造了一種混合實境，讓用戶可以在其中與疊加在真實世界中的數位元素，進行「互動」，就好像它們是真實物體一樣。

我已經帶領各位了解我所認為的 XR 技術發展方向。但它到底是從哪裡來的呢？我們是如何走到這一步的？也就是真實世界和數位世界之間的界線，到底如何變得模糊？請繼續閱讀下一章來追溯 XR 的演變。

參考來源

1. 無須頭戴式裝置，即可以參加 VR 會議；Wired；https://www.wired.com/story/spatial-vr-ar-collaborative-spaces/
2. MR 將 AR 拋諸腦後；Iflexion；https://www.iflexion.com/blog/mixed-reality-examples

2

XR 的驚人演變：簡史

我們已經對當前 XR 技術的工作原理，有了基本的認識，所以現在稍微「暫停一下」，讓我們先來看看 XR 到底是如何發展到現在的情況。

追蹤 XR 發展時間線

讓我們輕鬆瀏覽一下，XR 發展過程中的各個關鍵里程碑。

1800 年代：一個重大發現

最令我們驚訝的是 XR 的起源，其實可以追溯到 1838 年，當時有一位科學家查爾斯．惠斯通爵士，最先概述了「立體視覺」（stereopsis）或「雙眼視覺」（binocular vision）的概念。它所描述的是大腦結合兩個不同圖像（來自兩個眼睛的不同圖像）所製作出來的單一 3D 圖像。這種研究也催生出第一台「立體鏡」（stereoscope）的發展。這種觀看設備等於使用「一對圖像」，創造出具有「深度錯覺」的單一 3D 圖像。在現在的虛擬實境（VR）系統中，這種立體顯示的方式，可以為數位圖像帶來深度感以強化沉浸感。

1900 年代初期：預言 VR 的未來

目前所知關於 VR 的第一次預言出現在 1935 年，當時美國科幻作家史坦利．溫鮑姆（Stanley Weinbaum）發表了《皮格馬利翁的眼鏡》（Pygmalion's Spectacles），書中的主角可以透過一副護目鏡去探索一個虛構世界。在故事裡，戴上這副護目鏡的人不僅可以體驗到虛擬的聲音和視覺，還能體驗到味覺、嗅覺和觸覺。從目前最先進的 VR 系統以及未來 VR 的發展方向來看，溫鮑姆的預測簡直準確得令人吃驚。

1950、1960 和 1970 年代：第一次 VR 和 AR 體驗

第一台被取名為 Sensorama 的 VR 機器，是由電影攝影師莫頓・海利格（Morton Heilig）在 1956 年製作。基本上，這是一個結合了 3D、彩色影片（使用立體螢幕）、音效（來自立體揚聲器）、氣味（來自香水商）和振動（會振動的椅子）的個人「電影亭」。他專門製作了六部短片，目的是要讓觀眾完全沉浸在電影中。

海利格在 1960 年為第一款頭戴式顯示器「Telesphere Mask」申請專利，它可以把立體 3D 圖像與立體聲結合。這款頭戴裝置並未包含運動追蹤功能，不過在第二年，Philco 公司的工程師發明了「Headsight」，也就是第一種具有「運動追蹤」的頭戴裝置。這項工具原先的用途是在協助軍方可以遠端評估危險，因為攝影鏡頭可以模擬用戶的頭部運動。

此外，同樣在 1960 年代，電腦科學家伊凡・蘇澤蘭（Ivan Sutherland）發表了一篇論文，概述他的「終極顯示器」（Ultimate Display）概念，這是一種非常逼真的虛擬世界概念，用戶無法將其與真實世界區分開來。因此通常被認為是現代 VR 科技的起源。

我們也不能忘記提一下擴增實境。第一部 AR 頭戴式裝置是由哈佛大學教授伊凡・蘇澤蘭於 1968 年製作名為「達摩克利斯之劍」（The Sword of Damocles）的頭戴式裝置，可以顯示電腦生成的特定圖形，以強化用戶在真實世界看到的東西（疊加圖像的形式）。

到了 1970 年代，麻省理工學院建立了「阿斯彭電影地圖」（Aspen Movie Map），這是一個由電腦產生的阿斯彭 VR 之旅，讓人們可以虛擬的在阿斯彭街道上漫步。整個應用程式是由一輛汽車在城市行駛所拍攝下來的照片而建立。難以置信的是，這個地圖的做法比 Google 街景早了幾十年，因此很可能是第一個展示出 VR 如何將用戶帶到另一個地方，而且還完美複製當地街道和建築物的應用程式。

1980、1990 和 2000 年代：遊戲用 VR

1980 年代出現了支援 VR 體驗的各種新技術，例如 Sayre 手套，一種可以監控用戶手部動作的有線手套，這也是「手勢辨識」的起源。此外在 1985 年時，第一家銷售 VR 護目鏡和手套的公司 VPL Research Inc. 成立，公司創始人之一杰倫．拉尼爾（Jaron Lanier）在 1987 年創造出「虛擬實境」（virtual reality）一詞。而「擴增實境」（augmented reality）一詞則是由波音研究員湯姆．考德爾（Tom Caudell）於 1990 年所創。

1990 年代早期出現了像是 SEGA VR-1 運動模擬器，這是一種 VR 街機（大型電玩機台）。接著在 1995 年，任天堂也推出了 Virtual Boy 3D 影像遊樂器，這是第一款具有 3D 圖形的可攜式遊樂器。但是由於太過笨重，而且只有單色圖形（沒有彩色），因此並未取得成功，大約一年後就停產了。最重要的是在 1990 年代中期，我們終於看到了價格實惠的家用 VR 頭戴設備，例如帶有頭部追蹤技術的 Virtual IO I-Glasses 輕型頭戴式裝置。

由於 AR 技術的發展，在 1990 年代為體育轉播帶來一項「改變遊戲規則」的新技術。1998 年時，運動視界（Sportsvision）在直播 NFL 比賽時，第一次使用了帶有「黃色 10 碼線」的現場畫面（也就是一條覆蓋在美式足球場上的虛擬黃線，用來表示取得下一次進攻機會的 10 碼距離）。這種將圖形覆蓋在真實世界圖像上的想法，迅速被應用到其他體育項目以及電視轉播的其他領域上。

2000 年代初期對於 XR 技術來說是一個比較安靜的時期，直到 2007 年才有 Google 街景的推出，大幅擴展了最初由阿斯彭電影地圖提出的想法，也就是讓大眾有機會體驗不同的城市。

2010 至 2020 年：XR 技術強勢發展

下一個重大的技術躍進出現在 2010 年，帕爾默．拉奇（Palmer Luckey）推出了 Oculus Rift VR 頭戴式設備原型（他當時只有 18 歲）。這部頭戴裝置的 90 度視野和電腦處理能力的使用，完全是革命性的突破，因此重新燃起人們對於 VR 的興趣。2012 年，Oculus Rift 頭戴式裝置的 Kickstarter 活動籌集了 240 萬美元。由拉奇所創立的公司 Oculus VR，在 2014 年被 Facebook 以大約 20 億美元的價格收購，這也是 VR 真正開始復甦的時刻。就在同一年，Sony 和三星也宣布加入 VR 頭戴式裝置的行列，Google 也發布了第一款 Cardboard 設備，這是可以用智慧型手機運作的 VR 裝置，也就是第一種低成本的 Cardboard VR 觀影器。

同樣在 2014 年，Google 推出了 Google Glass AR 眼鏡，可以把數位訊息疊加到真實世界中。這些戴上 Google 眼鏡（很快就被冠上難聽的「glassholes / 玻璃洞」的稱謂）的用戶，可以透過他們的眼鏡上網，進入 Gmail 和 Google 地圖等應用程式。（順便再說一下，Google 眼鏡的潮流趨勢並未符合原先的預期，消費者的反應不冷不熱。不過 Google 並未被嚇倒，反而轉向了 Google 眼鏡「企業版」，鼓勵雇主讓員工配戴 AR 眼鏡，以強化工作效率。正如我們將在本書第二部分所見。這種策略似乎慢慢取得成效，因為現在許多雇主會在工作場所裡，以 AR 來提高員工的生產力和準確度。）

2016 年，微軟發表了 HoloLens 頭戴設備，創造更具互動性的體驗（因此稱為「混合實境」或 MR），將 AR 的理念再次提升到新的高度。這一年也是全世界人們沉迷於以 AR 技術驅動的「Pokémon GO」寶可夢遊戲的一年。它似乎在一夜之間，以一種 Google 眼鏡未曾擁有過的熱潮，直接讓 AR 進入主流市場。

到了 2016 年底，已經有幾百家公司著手開發 VR 和 AR 體驗，而且這些公司不光只是科技或遊戲公司而已。舉例來說，BBC 製作了敘利亞移民營地的沉浸式 360 度影片；華盛頓郵報則製作了白宮橢圓形辦公室的 VR 體驗。

2017 年，隨著 IKEA Place 應用程式的發布，我們看到了 AR 在主流零售業中的早期應用，讓用戶在購買家具之前，就可以預先看到家具放在自己家中的樣子。到了 2020 年，VR、AR 和 MR 的使用行業，已經迅速擴展到零售業以外的廣泛行業（詳見第二部分，可以進一步了解來自不同行業的案例研究）。XR 應用範圍的逐漸擴大非常重要，足以證明 XR 不再被視為遊戲或娛樂的專屬應用。

這種跨越許多不同行業都在努力開發 XR 體驗的熱潮，也進一步推動了對 XR 設備（如 VR 頭戴式裝置）的興趣和投資。在本文撰寫時，已經有更多公司開發完成，或正在開發自己的 VR 和 AR 硬體，包括 Apple、Google、華為和 HTC 等。所以我們接著就要談到這個部分。

XR 硬體的快速演進

現在的 XR 硬體發展非常快速，涵蓋了各種不同顯示裝置，讓我們先來看看主要的進展有哪些方面。

虛擬實境設備

原先 VR 的最大限制因素之一，就是笨重的頭戴式裝置必須連接電腦使用。如今我們開始看到小巧、輕便、舒適且功能強大的「無線」頭戴式裝置。例如可獨立使用的 Oculus Quest 頭戴式裝置，或是 Feelreal 頭戴式設備——也就是第一個獲得專利的多元感官 VR 面具，能夠模擬氣味、冷熱微風、振動甚至挨了一拳等！更重要的是，VR 設備現在變得越來越便宜。我們的 VR 頭戴顯示器 / 觀影器，從幾美元（Google Cardboard）的低價裝置，到幾百美元的中階 VR 頭戴顯示器如 Oculus Quest 都有。當然在高階市場的器材設備仍然相當昂貴，例如微軟的 HoloLens 2 MR 頭戴式裝置，在本文撰寫時零售價仍高達 3,500 美元。

在「手勢辨識」（Gesture recognition，讓 VR 系統能理解人類做出的手勢）方面，也在快速演進。雖然過去需要特殊設備（通常是手套或控制器）來實現手勢辨識；但現在我們有了只要使用攝影鏡頭，就可以用視覺方式為基礎來進行手勢的辨識，目前也已經開發出看起來非常舒適的全身動作追蹤 VR 套裝，例如特斯拉套裝（TESLASUIT）。在 VR 體驗的最頂級體驗上，我們還擁有「CAVE 」環境（Computer Assisted Virtual Environment，電腦輔助虛擬環境），也就是帶有投影機、追蹤感測器和揚聲器的立方體空間，與頭戴顯示器結合後，更有助於創造真正沉浸式的體驗。

AR 應用程式和 AR 眼鏡

與此同時，AR 方面也正在開發令人印象深刻的應用程式。這些應用程式可以利用普通智慧型手機的功能，例如 Sketch AR，可以協助你把數位照片重新建立為手繪草圖（只要把選定圖像投影到紙上，便可直接描圖）。Ink Hunter 則可讓你在嘗試紋身之前（不論是選取預設圖案或自行設計的圖案），預先觀看紋身的效果。Mondly 則透過數位化的方式，讓 AR 老師跟你一起坐在房間裡聊天，徹底改變了學習語言的體驗方式。

因此，現在手機廠商在設計時，通常會記得加入 AR 和 VR 的功能用途，這是相當合理的。舉例來說，新一代 iPhone 使用了 LiDAR 掃描技術，這項技術也可以用來協助「自動駕駛汽車」掃描周圍環境，並檢測行人和自行車等障礙物。此類技術將提高 iPhone 建立 3D 地圖的能力，並改善對象「遮擋」（亦即投影的數位對象被真實世界物體擋住）的問題。而且這種作法也可以讓遊戲和應用程式更加逼真，也更令人印象深刻。在 Android 手機方面，Google 擁有自己的 ARCore 平台，可以讓 Android 手機感知環境以改善 AR 體驗。華為的 AR Engine 也做了類似的事。也就是說，我們的手機及操作系統，被設計為越來越可以支援一系列的 XR 體驗。

智慧型手機支援 AR 的能力已經非常強大，這也意味著用戶不需購買例如 AR 眼鏡這類特殊套件。當然這也代表如果使用 AR 眼鏡，確實能比智慧型手機應用程式更具一定的優勢。畢竟在某些情況下，我們可能覺得不安全或不方便操作手機時，AR 眼鏡將會更合適。舉例來說，在你眼前直接將菜單從日語翻譯成英語的 AR 應用程式很棒；在假期外出用餐時，拿手機對準菜單並不是什麼難事，但如果是正在維修東西的工程師該怎麼辦呢？像這種情況，手持智慧型手機觀看 AR 訊息並不方便，但如果戴上 AR 眼鏡，就可以在雙手沒空的情況下，將所需的訊息直接傳遞到你的眼前。那些對 AR 眼鏡感興趣的人，可能很快就會有新的裝置；因為根據媒體報導，蘋果正在開發自己的 AR 眼鏡，要與 Google 眼鏡競爭。

其他類型的 XR 顯示器

我在第 1 章簡略提過的抬頭顯示器（將訊息投射到擋風玻璃上），就是 XR 設備超越頭戴式裝置、智慧眼鏡和智慧型手機應用程式之外的另一個例子。抬頭顯示器最初是由軍方開發用於戰鬥機上，現在在我們的汽車裡變得越來越普遍。幾乎每個豪華汽車品牌，都至少有一個可選的抬頭顯示器功能，包括顯示 GPS 方向、速度等。

目前的抬頭顯示器只能投射平面影像或圖形，如果要把抬頭顯示器推向主流應用的話，必須能夠提供具有深度感的 3D 圖像。這種做法可以讓車道標線和 GPS 指引方向之類的投影，變得更加準確，對駕駛也更有幫助。因為你可以看到一個 3D 箭頭彎曲到遠處，以顯示你需要轉向的地方。這項應用剛好也可以展現我們的期待，亦即對於 XR 技術那些激動人心的進展，可以超越目前所看到的 AR 和 VR 頭戴式設備 / 觀影器。事實上，這種技術也可以融入許多日常用品中，例如穿衣鏡上。

有幾家公司已經在「智慧鏡」（smart mirror）的開發方面取得重大進展。在不久的將來，這些鏡子可能會被放在成衣零售業更衣室、理髮店和美容院等場所。它看起來就像一個大型 AR 應用程式，掛在你面前的牆上。這些鏡子可以數位化的方式調整你的外觀，改變你穿的衣服、你的髮型，甚至頭髮的顏色。榮獲 CES 2019 創新獎的「Wella 專業智慧鏡」（Wella Professionals Smart Mirror）就是一個很棒的例子，它可以讓客戶以 360 度的方式，全方位觀看改變後的虛擬髮型。由於加入了臉部辨識的功能，因此智慧鏡也可以檢索客戶過去的髮型風格，根據當前流行趨勢和經典風格，提供推薦的精選髮型。

由其他技術趨勢推動的演變

XR 雖然已經走了很長的一段路，但如果我們看看近年來其他技術趨勢的發展情況，很明顯的，還有許多令人興奮的發展即將到來。因為過去幾年 XR 的快速發展，無疑是由其他技術的發展所促成。諸如人工智慧、雲端計算、網際網路速度、螢幕技術、相機解析度等都在加速發展，因而又推動了 XR 技術的發展。所以隨著其他技術的進步，XR 也將跟著繼續進步。

舉例來說，人工智慧對於「多元感官」（multisensory）XR 體驗的發展相當重要，這些體驗包含了更直覺的輸入方式，例如手勢、語音和觸控等。AI 還能讓 XR 體驗進行更即時的「個性化」，因為向用戶學習並先發制人，就是 AI 技術最擅長的作法，所以 AI 功能的發展有助於讓 XR 體驗更加提升。舉個簡單的例子，美容零售應用程式，可以讓你看到不同口紅顏色塗在嘴唇上的樣子，它還可以了解你的顏色偏好，並且自動向你展示最合適的產品。

接著就是「計算能力」不斷提升的協助。提供身歷其境的 VR 體驗需要大量計算，「雲端計算」的發展代表我們可以把計算的負擔交給雲端，不再需要把頭戴式裝置連接到功能強大的電腦上，這點可以徹底的改善用戶體驗。現在最流行的「邊緣運算」（edge computing[註]）方式，也在進一步改善體驗。多虧邊緣運算，我們已經看到手機迅速變得更強大、回應更快，VR 頭戴顯示器和 AR 眼鏡也是如此。

隨著 5G 的到來，超高速移動網路將會更進一步提升 XR 的潛力。我們擁有比以往更快的網路速度、更大的頻寬以及將更多設備連接到網路的能力，最後一定可以讓 XR 設備變得更容易攜帶。換句話說，快速、可靠的 5G 網路，應該可以讓我們在任何地點串流傳輸 XR 體驗。反過來說，這點將可以讓便宜的可攜式頭戴裝置 / 觀看設備，也能看到更逼真的延展實境。

註 邊緣運算改善了雲端集中式的處理方式，讓無數分散式電腦進行計算，其邊緣節點可以更接近設備本身，加快資料的處理與傳輸速度。

本章總結

我們在本章學習到以下重點：

- XR 的最早起源可以追溯到 1800 年代，但最引人注目和最迅速的進展，則發生在最近幾年。
- XR 的進展讓 VR 頭戴設備變得更小、更輕、更實惠。與此同時，我們的智慧型手機也被設計為支援 XR 體驗，尤其是支援 AR 應用程式。其他類型的硬體也在開發中，包括抬頭顯示器和智慧鏡等。
- XR 的進展受到其他關鍵技術趨勢的推動，包括人工智慧和雲端計算等。5G 網路的發展也將進一步推動 XR 的進步，讓 XR 硬體更快、更靈敏、更容易攜帶。

我們可以清楚的看到 XR 技術已經取得長足進步，但 XR 並非全無問題。我將在下一章探討企業需要注意的一些 XR 陷阱和缺點。

3

XR 面臨的問題

XR 已經逐漸超越宣傳炒作期，開始展示了真正的價值，但 XR 並非完全沒有問題（甚至還差得遠呢）。正如我們將在本章所見，XR 存在著許多個人和社會風險，尤其在沉浸式的 XR 技術方面。因此，本章所提出的一些 XR 問題，比較不在擴增實境（AR）或混合實境（MR）的部分，而是與「高度沉浸式」的虛擬實境（VR）更為相關。然而隨著 XR 技術之間的界線變得模糊，整個 XR 技術也更加身歷其境之後，這種風險還可能隨時間經過而產生變化。

請容我先強調一下，XR 的好處絕對大於潛在的缺點；其責任需由公司組織、監管機構和整個社會一起承擔，以確保各種層面的「平衡」，不會向有問題的方向傾斜。如果我們能夠在 XR 技術中嵌入道德、責任和信任等概念，我在本章中提出的許多問題，就可以（希望可以）及時得到解決。現在我們才剛剛開始 XR 革命，技術也還在不斷發展，企業領導者也應該要對一些 XR 的「潛在陷阱」進行自我教育了。如此一來，就可以確保他們的公司組織，既能從 XR 獲取最大價值，還能將傷害的風險降到最低。

法律和道德問題

XR 技術的發展速度，遠遠超過了法律體系所能應對的速度，因此監管機構正在急起直追。對於虛擬環境中哪些事情可接受或不可接受，甚至到底該屬於哪些司法管轄，目前還沒有明確的法律認定（舉例來說，如果我身在英國的家裡，但我正在探索的內容是由中國供應商託管的虛擬環境，那我應該受到英國法律還是中國法律的約束呢？）。讓我們來看看關於 XR 技術在法律和道德上，一些尚未解決的問題。

虛擬世界裡的行為有可能算犯罪行為嗎？

不久的將來，如果有人在虛擬環境中，犯下一般社會認知的犯罪行為，到底該怎麼辦？還有，如果兩個人一起沉浸在一個虛擬環境中，其中一個人在這個虛擬空間裡「攻擊」另一個人呢？這會被視為犯罪嗎？如果這種情況發生在電子遊戲上，那麼答案當然不是。在我們之中的許多人沉迷於電子遊戲，也有經常毆打或射擊敵對的遊戲玩家。但 XR 技術有點不同，它們會比一般的電子遊戲體驗，更加「身歷其境」。如果在虛擬情況下，被毆打的參與者因為事件感覺如此真實，而感覺「心靈」受創怎麼辦？這算不算犯罪？

隨著新技術的發展，這些問題的解答也更加急迫。以觸覺套裝為例，這些套裝為虛擬體驗帶來了各種「觸覺」，因此用戶可以親身感受到模擬世界裡產生的感覺。由於這些技術的發展，讓我們可以有機會真實感受到其他用戶的觸摸，也因此有可能讓用戶受到高度創傷性的體驗。舉例來說，如果一位用戶「不恰當的」觸摸另一位用戶的數位化身（這點非常有可能發生），被觸摸的用戶會經由身上的觸覺套裝，在真實世界裡感受到觸摸的情況。

兒童可能是沉浸式技術的情況裡，最容易受到傷害的一群，而不光是感覺上的問題而已。研究證明孩子們很容易混淆真實和不真實的情況，以至於孩子們很可能在虛擬體驗中得到錯誤的記憶。這意味著如果孩子在虛擬世界經歷或看到一些創傷時，他們可能會像發生在真實世界中一樣的記住這件事。同一項研究還說明虛擬化身和角色對孩子來說，可能會比電視角色更真實、更具影響力，這點確實會令任何父母感到擔憂。

數位盜竊則是另一種可能性。隨著我們花了更多時間待在數位世界中，並且在虛擬空間裡累積了各種數位資產和貨幣（就像電影《一級玩家》一樣），其他用戶很可能會竊取那些對我們極為珍貴的虛擬物品（我會在本章裡討論更多 XR 安全問題）。法律會及時演進，以便應付這類犯罪嗎？

這些都是亟待回答的問題。理想情況下，我們將擁有 XR 技術上的「通用行為準則」，例如人工智慧領域方面正在出現的行為準則。政府和公司組織必須承諾給予理想通用的規範，以確保虛擬環境對所有人來說，都可以是「安全」的空間。但是坦白說，我們離實現這個目標還有很長的一段路要走。因此目前必須靠 XR 技術供應商們，負責建立自己的想法，了解什麼是可接受的、什麼是不可接受的，也就是必須為在他們的虛擬體驗中發生的事情建立規範。

模糊的道德問題

這些不僅是法律上的問題而已，也是關於虛擬環境中應該允許什麼和不應該允許什麼的「難題」。同時，我們還會遇到道德上的問題。XR 憑空創造了許多「跨越道德界線」的潛力，這種想法肯定會讓大家感到不舒服。例如從理論上來說，有人可能會虛擬出鄰居、同事或朋友的「高度逼真」的化身，然後在虛擬世界裡與他們發生性關係。這種行為可以被允許嗎？這種事當然是不道德的。但是在虛擬世界中，不道德的行為真的是錯誤的嗎？就我的看法而言，如果某些事情在真實世界中是不被允許的（例如不能在某人不知情的情況下與他發生性行為），那麼在虛擬世界中也不該被允許。

其他人可能會爭辯說，「監督」人們的思想和想像力實在太「歐威爾」（Orwellian[註]）了。但是請讓我提出這個問題：你希望有人和你的數位分身發生性行為嗎？或是與你的女兒呢？

已經有太多證據可以證明，「色情」影片助長了一些女性所經歷的性暴力罪行。如果用戶經常在高度身歷其境的現實環境中參與色情內容，並以第一人稱的方式「扮演」互動時，確實可能增加他們在真實世界中，造成性暴力的風險。也就是用戶更可能在真實世界中產生非法的性行為，例如強姦、與未成年人發生性關係，或與動物發生性關係等。

沉浸式技術的危險，在於它們可以讓人們隨心所欲的「扮演」，而且似乎不會產生任何真實世界的後果，有些人可能認為這是「無害」的。然而這些增加的「風險」，很可能會在真實世界產生後果，我們該如何防範這種風險呢？

「減敏」（Desensitization）是另一種問題，也就是在虛擬世界待太久之後，會讓人們對真實世界的問題變得「不敏感」，這是一種真正的危險。假設你在虛擬世界裡度過 8 個小時，而且在裡面你可以瘋狂的為所欲為。日積月累的這樣過下去時，難道不認為會改變你對真實世界的看法嗎？這就是人們長期沉浸在道德「灰色地帶」的環境中，可能帶來的危險，因為裡面並不適用一般的規則。令人擔憂的是，長時間沉浸在虛擬體驗中的人，尤其是「暴力」程度較高的虛擬環境裡（例如暴力遊戲），最後很可能會對暴力行為變得較不敏感。這意味著他們在個人情感上，不再感受到原先在真實世界中，看到極端暴力行為時的反應，很可能不會表現出同情心或同理心。因此，我們該如何確保自己的下一代，不會對戰爭、犯罪等恐怖事件失去敏感度？

註　喬治．歐威爾的小說《1984》描述當權者監控人民、對人民施以思想控制。

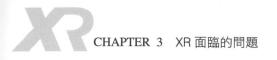

此外，透過沉浸式體驗時，假新聞和訊息似乎也會變得更加真實。尤其如果用戶花大量時間待在虛擬世界中，可能會更難區分真實和虛假。除了目前我們對假新聞的擔憂外，未來的 VR 體驗還可能傳播那些看起來高可信度，但終究是虛假的訊息，甚至還很容易操縱用戶的意見和行為。這也使得相關公司組織在建立和執行數位環境時，在制定道德規範政策上變得更加重要。因為如果他們不這樣做的話，可能就會受到廣大用戶的反彈，就像 Facebook 經常必須對平台上的假訊息傳播，即時做出回應一樣。

變成少數人的特權，而非多數人？

另一個道德問題在於 XR 技術很可能會擴大「富人和窮人」之間的差距。例如購買 XR 硬體的成本，很自然的會將某些人排除在外，這點也可能會加劇現有社會的分歧。舉例來說，XR 有很大的潛力，可以徹底改變教育方式，並為兒童提供豐富的教育體驗。然而這些機會對所有人開放的可能性有多大？我想不會太高。由此產生的另一個擔憂是：由於用戶可以在虛擬環境中擁有資產或做任何想做的事情，因此他們可能會花更多時間待在裡面，以便遠離社會上的各種不平等。

隱私和安全問題

就像大多數新技術一樣，XR 也帶來了一些與「個資」相關的重大顧慮。差異可能是在這種情況下，你的資料還會非常個人化。讓我們來看一下重要的隱私和安全問題。

將「個資」一詞提升到更高層級

這些日子以來，我們都習慣於用個資換取讓生活更便利的產品和服務。例如社交媒體活動紀錄、搜索紀錄、購買紀錄、觀看習慣和信用卡詳細訊息等。但由於虛擬環境的高度沉浸性，XR 技術有可能獲取到更敏感的個人訊息，包括我們最私密的行為和想法。

為了加強體驗，XR 技術會不斷蒐集各種數據，例如物理位置、身體動作、反應，甚至包括是眼球運動模式和你的聲音。因為這些必要數據可以讓你在數位空間中的「動作」表現得更好，而且通常可以讓體驗更有效率。但毫無疑問的，這些都算是「高風險數據」。

這些私密行為的數據會被如何處理？用戶對「誰可以取用這些數據」有多大的控制權？舉例來說，這些數據可以提供給廣告商嗎？還有在真實世界的法律訴訟中，這些數據可以用來作為判斷個人性格的證據嗎？這些訊息會不會很容易受到網路盜竊或被操縱呢？

一切都在你眼裡

讓我們以「眼動追蹤技術」（eye-tracking technology）為例。當 VR 和 AR 頭戴式裝置內建這種眼動追蹤技術時，該公司便能蒐集關於你在視覺追蹤上，各種無意識反應（無論是 VR 下的虛擬世界，或 AR 可以看到的真實世界中）的高度個人化數據。眼動追蹤當然可以為 XR 帶來明顯的好處，一方面可以協助系統專注於用戶「感興趣」的目標，也有助於減少圖形處理的負擔（也就是只針對你直接查看的圖像部分，才提供最高解析度和畫質），讓用戶的延遲更少。然而我們也必須清楚知道：這些被蒐集的眼動訊息，也很容易被拿來利用。

由於人類眼球的運動模式，可以顯示我們在任何特定時間下了解或關注的內容，這點便可以被拿來理解我們的偏好和想法，就像無意識按了「喜歡」的按鈕一樣。舉例來說，當你走在街上，而你的目光停留在特定的汽車上，廣告商就可以利用這種訊息來提供相關的廣告。如果這個例子看來無害，那我再舉一個例子：你的眼球運動數據，可能會洩露你的「性取向」，例如你的眼光經常被什麼性別的人吸引。眼動追蹤甚至還可能被用來評估你的精神和情緒狀態。現在，你對知道這一切數據的公司，有什麼感覺呢？

如果這些例子看起來有點過於「未來化」，那我必須告訴各位「眼動追蹤技術」，確實已經嵌入 VR 頭戴式裝置中。HTC Vive Pro Eye 是第一款包含眼動追蹤技術的主流 VR 頭戴設備，而 Pico Neo 2 Eye 則是第一款具有眼動追蹤功能的小型 VR 頭戴設備。Oculus Quest 當然也很快的朝這個方向發展。

未來會如何呢？隨著我們花了更多時間使用這些頭戴顯示器（舉例來說，當大家都戴著 AR 眼鏡四處走動時），可以更「了解用戶」的這種潛力是相當驚人的。這當然會將我們帶到了隱私問題的新層級，也就是我們需要「新的思維」來解決這種問題。我希望「眼睛」的相關數據，可以被視為與其他健康數據一樣的個資來處理，提供相同層級的安全和隱私保護。至少，在未經用戶知情且同意的情況下，不得將其儲存或與第三方共享。

身分被駭的風險

在不久的將來，很有可能可以製作一個不管看起來或說話的樣子，幾乎都跟你一樣的虛擬「化身」（而且由於人工智慧的協助，它甚至還可以承襲並反映你的個性）。這些化身不僅可以用來製造新形式的「身分」相關犯罪，而且還容易遇到勒索軟體與敲詐風險的影響。

我們都看過一些幾可亂真的假照片和影片。一旦可以入侵某人的數位分身後，虛假的內容都可能變得更加強大與可信。而如果某人在 XR 環境中，遇到被犯罪或不道德的事情陷害時，更可能會對他們在真實世界中的地位，產生嚴重的不利影響，對於公眾人物尤其如此。

我們的個人「眼動數據」，可能更容易受到犯罪分子的利用。微軟的 HoloLens2 頭戴式裝置，帶有一個叫做 Iris-ID 的功能，你可以透過掃描眼睛來進行登錄。如果這種高度個人化的生物特徵數據有受保護的話，應該會比密碼登錄更為安全。但在這個時代裡，「個人數據保護」是一個很危險的設定；只要把虹膜數據與其他個資（你的姓名、信用卡訊息、年齡、外貌甚至聲音）結合起來，你的整個身分都可能被徹底盜用。雖然你可以重設密碼，但你無法改變你的眼睛。一旦這些數據被盜用之後，用戶的生活可能會變得非常困難。這些公司又該如何應付這種狀況呢？

健康問題

除了法律、道德、隱私和安全問題外，人們還擔心使用高度沉浸式技術，可能對我們的身心健康有所危害。

VR 暈眩簡介

在 VR 裡花費大量時間的用戶，有時會回報噁心、頭暈和迷失方向等症狀。這是因為大腦接收到感覺訊息混淆的結果（例如你的眼睛在數位環境裡看到自己正在移動，而你的內耳感知的，卻是你在真實世界中靜止不動；這種感覺訊息混淆，也正是我們在船上或搭車時暈船暈車的原因）。大腦認為這些相互矛盾的訊息，可能是身體中毒的結果，因此引發噁心感，希望我們吐出有毒物質。

這種暈動病被稱為「後 VR 暈眩」（post-VR hangover），對不同人會有不同的影響。有些人根本不會感到不適，另一些人可能會發現即使是短暫經歷，也會引發後遺症。例如會感知到 G 力作用的體驗（賽車遊戲裡急轉彎的賽道），可能引發最嚴重的暈眩。在某些情況下，效果甚至可能持續長達一週。

虛擬實境也可能導致「眼睛」的問題，包括眼睛疲勞和視力扭曲或模糊。因為虛擬實境與真實世界有所不同，你看到的一切都離你的臉只有幾公分，等於持續告訴大腦不再需要「遠距對焦」。而且由於這項技術問世時間並不算長，因此我們還不知道對用戶視力會有什麼長期影響。

關於「後 VR 暈眩」所造成身體症狀的研究，仍在不斷發展中，毫無疑問的，開發人員應該會找出克服的方法。但在我們能夠完全理解和減輕實際風險之前，必須進行更多的研究。

VR 憂鬱簡介

有些用戶還說了重新回到真實世界所遇到的問題：真實世界感覺不是真實的，或者不如虛擬世界那麼好，因而令人不安。換句話說，在你已經可以成為任何想要成為的人，而且在為所欲為的環境裡度過一段時間後，真實世界似乎有點令人失望。這種感受被稱為「後 VR 憂鬱」（Post-VR sadness），病患主訴感覺「與現實脫節」，狀況有時會持續數天或數週。這種自覺「不真實」的感覺，甚至有點像是「靈魂出竅」的體驗。

隨著 VR 變得越來越流行，也越讓人感到身歷其境後，用戶在虛擬環境中所花的時間越來越長，我們迫切需要更多的行業研究，以確定對用戶在焦慮情緒或抑鬱情緒的影響。我們也需要充分了解，虛擬行為會對用戶在真實世界裡，造成怎樣的創傷和痛苦程度。尤其是一些模擬痛苦或不愉快經歷的沉浸式環境，更可能產生持久的心理後果。

虛擬成癮

很多研究已經證明人們會對技術上癮；也就是說，虛擬技術越沉浸，用戶上癮的風險就會越高，這其實很合理。如此一來，最後造成的結果，當然就是人們會在虛擬世界中花費更多的時間，在真實世界的時間變得更少。因此，虛擬世界可能會相當程度的取代真實世界。尤其對於那些相信自己的虛擬世界以及自己在裡面的虛擬角色，比真實世界裡的自己「更好」的用戶來說更是如此。這是一種危險的情況，請想像一下，你在一個比真實世界更有趣的虛擬世界中，度過了更多時間，你的虛擬角色也比你的真實角色更豐富、更好看、更受人尊敬時，你當然就會更喜歡待在裡面。令人擔憂的是，人們在虛擬世界中花費的時間越多，就越難回頭適應真實世界。

如此極端的結果，讓我想起了科幻喜劇系列「紅矮星號」（Red Dwarf[註]）中，虛構的「超越人生」（Better Than Life）遊戲。使用帶有接入大腦的探針式頭戴裝置，讓此遊戲的玩家進入了實現夢想的幻想虛擬世界。由於遊戲如此令人上癮，因此玩家幾乎不會選擇離開。然而在真實世界中，玩家的身體便會乾枯而死亡。

當然，這個例子是比較極端、牽強的場景，但此處的合理擔憂是在過度依賴 XR 技術，可能會對用戶的心理健康和幸福感受產生負面影響。最後的結果，就是我們可能會看到新的「精神失調」症狀出現。

我們需要負責任的 XR 做法

請讓我再次強調，XR 的好處絕對超過本章所概述的問題。但我確實認為，商業領袖必須意識到 XR 的潛在危險，更重要的是必須考慮到 XR 的道德以及「負責任」的應用。在你的 XR 應用開始時，預先考慮和規劃好這點會較為合適，而非試圖在你的應用中，陸續「改造」你應負的責任規範。請相信我，這一點就像對侵犯數據隱私的強烈反對行為一樣，不負責

註 英國 BBC 電視台在 1988 年推出的一部科幻情景喜劇。

任的 XR 做法，在未來將會引起大眾和監管機構的憤怒之火。因此，現在就請採取積極行動，未來就可以為自己省去很多麻煩和名譽的損失。

有關負責任、符合道德的 XR 想法，目前仍然不斷有人提出，比較合理的原則包括：

- 建立負責任的文化，鼓勵公司中的每個人都權衡並質疑新技術的道德規範。
- 盡可能確保技術具有包容性且價格合理，尤其如果貴公司的產品是專為教育或社會用途而設計時。
- 始終維持「提前告知」用戶正在蒐集哪些數據，並在可能的情況下，讓他們可以「選擇」退出。也必須盡可能的嘗試將數據「匿名化」。在個資安全絕對重要的情況下，必須採取與任何其他重要業務流程相同的「數據安全措施」。

本章總結

我們在本章學習到以下重點：

- XR 存在著許多個人和社會風險，尤其是在 VR 等更具沉浸感的 XR 技術中。
- 虛擬世界裡有許多法律和道德的灰色地帶，包括虛擬行為是否可以被視為犯罪，以及在虛擬空間中可接受的行為底線為何。

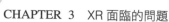

- XR 系統有可能蒐集高度個人化的數據，甚至還包括了用戶的想法和感受。這些數據很容易被濫用，甚至可能會讓個人身分被駭客盜用的程度。

- 此外，我們尚未完全了解使用 XR 技術對「健康」的影響，包括身體的各種後遺症（例如暈眩）、對眼睛健康的影響以及對心理的持久影響。虛擬成癮也是亟待解決的重要問題。

- 公司的相關業務負責人必須意識到這些問題，努力確保執行合乎道德且負責任的 XR 應用程式。若是試圖以「漸進」方式，將道德責任分階段「修改」到系統中，是不明智的策略。

既然我們已經探索了 XR 技術本身及其潛在的危險，接著就讓我們來看看各種行業組織，如何透過 XR 技術吸引客戶並改善業務流程。

參考來源

1. 虛擬真實：兒童在虛擬實境中獲得虛假記憶；媒體心理學，第 12 卷， 第 4 期；https://www.tandfonline.com/doi/abs/10.1080/15213260903287267?tab=permissions&scroll=top&
2. 探索色情與性暴力之間的關聯；暴力與受害者，第 15 卷，第 3 期；https://www.ncjrs.gov/App/Publications/abstract.aspx ？ ID=187015
3. 假影片時代開始；大西洋組織；https://www.theatlantic.com/magazine/archive/2018/05/realitys-end/556877/

4. 眼睛是獎品。眼動追蹤技術將是廣告界的聖杯；https://www.vice.com/en_us/article/bj9ygv/the-eyes-are-the-prize-eye-tracking-technology-is-advertisings-holy-grail

5. 虛擬實境中的隱私問題：眼動追蹤技術；Bloomberg；https://news.bloomberglaw.com/us-law-week/privacy-issues-in-virtual-reality-eye-tracking-technology-1

6. 無論是否準備就緒，眼動追蹤都是 VR 的下一個發展；Cnet；https://www.cnet.com/news/eye-tracking-is-the-next-phase-for-vr-ready-or-not/

7. 你需要知道的暈車和 VR 暈眩；Medium；https://medium.com/@ThisIsMeIn360VR/motion-sickness-and-the-vr-hangover-what-you-need-to-know-4d6cb23af121

8. 開發者警告 VR 頭戴式裝置損害了他的視力；英國廣播公司新聞；https://www.bbc.com/news/technology-52992675

9. 虛擬實境會讓你暈眩；大西洋組織；https://www.theatlantic.com/technology/archive/2016/12/post-vr-sadness/511232/

10. 虛擬實境對存在和分離體驗的影響；CyberPsychology & Behavior，第 9 卷， 第 6 期；https://www.research-gate.net/publication/278206370_Effects_of_virtual_reality_on_presence_and_dissociative_experience

11. 你的社交媒體應用程式就像吃角子老虎一樣令人上癮；The Next Web；https://thenextweb.com/contributors/2018/03/25/social-media-apps-addictive-slot-machines-similarly-regulation/

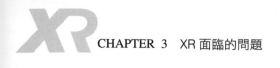

4

日常生活和商業中的 XR 應用

從本章開始，我將陸續分享各種不同行業和類別（包括零售、培訓和教育以及娛樂）的 XR 實際範例。不過有些很棒的 XR 範例，並不完全適合如此明確的分類；因此，本章節的範例是包羅萬象的，將會介紹來自日常生活和商業上，一系列有趣且鼓舞人心的 XR 用途。在深入探討本書更具體的類別行業之前，你可以將本章視為 XR 可能性的通用範例展示。

日常生活中的 XR

AR 通常是比較容易取得的 XR 技術，因為不必購買特殊硬體即可享受 AR 體驗。事實上，普通智慧型手機和平板電腦，便已具備豐富的 AR 功能。

AR 應用無所不在

AR 應用程式已經存在一段時間了，隨著 2016 年寶可夢推出後，才真正帶領了大眾的想像空間。現在我們也已經擁有許多以輔助、教育和娛樂為目的的 AR 應用程式。

例如一款能夠為你解決難解「數獨」問題的 AR 應用程式？數獨的謎題相當難解，有時一道謎體必須花上幾個小時才能完成（而且前提是在解完之前沒有因挫折而放棄）。Magic Sudoku 應用程式使用「AI 學習」，可以在幾秒之內解決最困難的數獨。你只要把手機鏡頭對準題目，答案就會直接顯示在螢幕上。這種做法當然有點違背做數獨的初衷，亦即鍛鍊你的大腦或打發時間，並享受完成某件事的滿足感。但是，它可以用來展示 AR 的能力。

對於更年輕一點的人來說，迪士尼研究人員也已開始探索使用 AR，把孩子們的繪本書帶入生活中。只要使用平板電腦或手機螢幕，頁面上的角色便會以 3D 形式投影出來。迪士尼將這種過程稱為「將彩色繪圖即時呈現為擴增實境角色」。因此，孩子可以對頁面上的角色上色，然後使用手機或平板檢查作品，亦即在 3D 空間觀看繪製角色的站立和搖晃。這種 3D 角色的質感與繪製的彩色線條質感，可以完美的互相對應。

另一種適合兒童的 AR 應用來自 Google，該公司於 2019 年開始將「AR 動物」，加入網際網路的搜索中。因此，如果你在支援 AR 的手機或設備上搜索熊或老虎（包括支援 ARCore 的 Android 設備或 iOS 11 等），動物便會「出現」在你面前，從你的螢幕裡，疊加在現實生活中的任何其他事物上面。除了看起來很酷之外，作為教育工具也非常好用，因為它可以協助孩子更詳細的了解動物，並了解這些動物的實際大小。而且，現在它變得更好了，Google 在其 AR 搜索中，加入 10 種恐龍，也就是說，你的孩子（或你自己）可以在支援 AR 的設備上搜索 T-Rex（暴龍），便能看到它出現在你的客廳、花園或任何地方（當然會按比例縮放），我的孩子們非常喜歡這項功能。

說到 Google，我們都熟悉最基本的 Google 翻譯。但 Google 翻譯 app 的「相機」選項，將即時翻譯提升到了新的層面。現在只要啟動「Google 翻譯」app，將相機對準某個標誌、菜單或任何想要翻譯的內容，該 app 就能提供即時翻譯，並覆蓋在相機對準的現場畫面上，而且還會使用與原始標誌或菜單完全相似的字體。這項功能適用於日語等多種語言，而且還可以離線使用。多虧了 AR，讓譯文可以即時疊加在想要翻譯的文字上。

Snapchat 濾鏡是許多人都很熟悉的另一項 AR 功能，可以讓我們在自己的臉上添加例如狗耳朵、眼鏡或嬰兒大眼睛這些奇奇怪怪的外加物件。甚至還有狗狗專用的 Snapchat 濾鏡，可以用來為自己的寵物照片添加眼鏡、鹿角、卡通臉孔等。

我們會在第 5 章討論到更多「用戶參與」的形式；AR 濾鏡在這方面的使用，已經變成一種越來越流行的方式，被各大品牌用來與粉絲和客戶進行娛樂和互動。只要藉由 Facebook 和 Instagram 的 Spark AR Studio，任何人都可以建立和分享自己的濾鏡。因此，許多品牌都抓住了這個機會；事實上，已經有超過 10 億人使用了由 Spark AR 提供支援的濾鏡。Taco Bell（美式墨西哥速食店）是最早抓住 AR 濾鏡潛力的品牌之一，它們做了一款濾鏡，會用巨大的塔可餅代替用戶的頭部（當然也會配上 Taco Bell 的 logo）。可口可樂則是製作了一款北極熊（拿著一瓶可樂，戴著有 logo 的圍巾）的聖誕主題濾鏡，讓粉絲們可以與之合影。

為何知名品牌會對 AR 濾鏡感興趣？我們已經知道圖像、影片和 GIF 等視覺內容，比起純文字內容更具吸引力。AR 便以此為基礎，讓圖像和影片內容更具沉浸感和吸引力，因而可以增加客戶與品牌互動的時間（根據研究表示，基於 AR 的行銷，實現了 75 秒的平均參與時間，而標準電視廣告僅為 2.5 秒）。這代表你必須花更多的時間和注意力，面對濾鏡擺姿勢，嘗試不同的角度並做出有趣的表情，才能捕捉到完美的照片，那拍完照片之後呢？你當然會與朋友分享。因此毫無疑問的，我們可以期待越來越多的品牌公司探索並製作各種濾鏡，以便提高客戶覆蓋率和參與度。

另一個有趣的 AR 應用範例來自 WallaMe，它可以讓用戶在真實世界建立、隱藏和共享訊息。用法是幫周圍的事物拍照，例如拍攝建築物或地面，然後添加文字訊息、貼紙或照片等。接下來，任何其他路過這裡的用戶，都可以透過 WallaMe 的 AR 觀影器看到你留下的訊息（也可以將消息設置為私密，只讓特定用戶可見）。就像一種數位塗鴉，或是向附近的人發送祕密訊息的一種方式，實在很酷。

社交媒體朝向更沉浸式的方向發展

在 Facebook 剛出現的時候，它是我們與朋友聊天、分享生活新聞，以及讓炫耀發揮到極致的好地方。現在 Facebook 則更像是企業在爭奪客戶和市場的地方，也是利益相關團體分享（通常是有問題的）新聞和訊息之處。毫無疑問，Facebook 在我們的生活上或選舉時，仍然具有巨大的影響力，但它真的是我們去閒逛以及與朋友聯繫的好地方（虛擬的）嗎？對很多人來說，已經不算了。於是這就引出了一個問題，Facebook 的「未來」在哪裡？

答案可能在於 VR 或「社交 VR」。使用 VR 的話，社交媒體有可能會變得更具「沉浸感」，讓用戶可以用全新的、令人興奮不已的方式進行互動。這也就是 Facebook 的「Horizon 虛擬實境社群服務」背後的想法，它在我撰寫本章時，已經推出了公開測試版。Facebook 在 VR 領域投入巨資收購 Oculus VR 品牌（詳見第 2 章），並投資於 VR 硬體，甚至還發布了一款看起來像太陽眼鏡，令人印象深刻的 VR 頭盔原型。一個虛擬實境社交網路平台，讓用戶可以在這裡與朋友見面、閒逛和玩遊戲。只要使用 Facebook 的某一款 Oculus VR 頭戴式設備，便可以用類似「分身」的身分進入平台內，你和朋友可以根據自己的設計，建立全新的世界或聚會場所，還可以藉由平台提供的工具，建立自己的遊戲或活動。

這讓我想起電影《一級玩家》的劇情：虛擬世界比真實世界更誘人。你可以在虛擬世界賺取金幣和地位，如果你願意的話，甚至可以成為一個完全不同的人。我將在第 8 章討論——更多結合真實世界與數位世界作為娛樂的相關訊息。

改善約會體驗

除了社交媒體外，VR 還可以徹底改變約會或維持「異地戀」的體驗。這種想法是指即使是相隔幾千英里的夫妻，依舊可以共享虛擬環境和虛擬體驗。換句話說，只要這對夫妻都使用 VR 頭戴式裝置，就可以在巴黎約會、在泰國海灘上看日落，甚至一起探索珠穆朗瑪峰基地營。

目前我們可以很明顯地看到，在 Skype 或其他視訊平台上聊天，絕對是比電話交談更「浪漫」的聯絡方式。因此，VR 還可以「進一步加強聯繫」的說法是很合理的。它等於提供了低成本、低風險的方式，讓我們結交新朋友並探索潛在的愛情對象（或者，在異地戀中保持愛情的火花）。集體約會的應用程式也可使用 VR 來提供「虛擬相親聚會」，我們可以預期其他約會應用程式在不久的將來，應該也都會嘗試自己的 VR 體驗。

展望未來，虛擬約會的體驗可能會變得更加身歷其境，甚至讓你可以「感受」對方，聞到對方身上的香水味。根據 eHarmony（線上約會網站）和帝國學院商學院出版的一份報告預測，到了 2040 年，我們將可進行「全感官」的虛擬約會。

重現新聞、歷史和世界問題的重點時刻

許多新聞機構也開始嘗試使用 XR 技術，尤其是 AR 技術，來作為加強新聞報導的一種方式。舉例來說，《紐約時報》應用程式允許讀者使用附加 AR 功能，查看選定的一些新聞。同樣的情況，時尚雜誌《W》也使用 AR 來提供「互動式」幕後花絮。

XR 技術還提供了一種「重現」歷史時刻和人造物品的絕妙方式。以第一次登上月球所使用的太空船阿波羅 11 號為例，雖然你可以在史密森尼國家航太博物館看到展出中的太空船，但它被包在一個保護用的塑膠外殼中，遊客根本不知道裡面到底長什麼樣子。為了解決這個問題，史密森尼博物館與 Autodesk 公司合作，創造一種 3D 體驗，以極為講究的細節，重現了阿波羅 11 號太空船的船艙內部。此外，還有一個 Apollo 的 Moon Shot AR 應用程式，可以讓用戶感覺自己身在月球表面。

接著要談到的是科技將重要的「社會問題」重現的能力。在撰寫本書之際，「黑命攸關」（Black Lives Matter）的抗議活動正在世界各地陸續出現，但有許多人並不知道「有色人種的生活」到底是什麼樣的生活。我當然也不知道，然而，這就是 VR 可以提供協助的地方，它讓我們有機會從「另一個人的角度」探索世界。例如 VR 電影「黑色之旅」（Traveling While Black），這是一部得到艾美獎提名的紀錄片，內容是讓觀眾身歷其境的體驗美國黑人的危險情境。觀看這部影片是一種相當革命性的體驗，我很希望能夠看到更多目的在於「解決不平等問題」的 XR 體驗。

最後，再談一些日常生活中的例子

讓我再列舉一些例子來作為關於 XR 在日常生活應用的結尾。我在前面提過抬頭顯示器（HUD），結果在撰寫本章時，賓士公布了 2021 年式 S-Class 的超大 HUD 螢幕，就是使用 AR 顯示導航指令。而這只是 AR 在汽車應用的開始，我們可以期待有更多的汽車製造商，開始在他們的新車裡安裝 HUD 螢幕。

另一個有趣的例子，是來自家居裝飾連鎖店「勞氏公司」（Lowe's）。該公司的 Measured by Lowe 測量應用程式，使用 AR 技術讓你的智慧型手機變成捲尺。此外，勞氏公司還有一個名為 Envisioned 的獨立應用程式，可以讓客戶把勞氏公司產品的 3D 圖像，疊加到他們的家裡。這個應用程式會掃描周圍環境，所以可以把虛擬物體按實際大小放進你家，讓你可以依喜好拖移到房內任一處。在第 5 章會談到更多來自零售領域的範例。

最後還要一提的是，XR 技術不僅只適用於人類。有一家俄羅斯農場已經嘗試為乳牛提供特別改裝的 VR 頭戴式裝置，以模擬草皮繁茂的夏季田野（俄羅斯的冬天漫長而嚴酷，夏天則一轉眼即逝）。根據報導，這種 VR 模擬有助於減少乳牛的焦慮，並且可以改善「牛群的整體情緒」。他們還計畫進行一項長期研究，探索更詳細的影響，包括 VR 是否可以讓產奶量增加。如果成功，便可推廣到其他俄羅斯農場。所以，即使是乳牛，也會很快就適應虛擬世界中的生活。

工作場所的 XR

現在讓我們轉向工作場所，XR 技術（尤其 VR）正在掀起漫天波瀾。

強化招募流程

XR 可以強化一系列人員招募流程，包括面試求職者到新員工就職等。尤其是 VR，對於評估求職者，以及讓他們了解在公司工作的真實感受方面，非常有用。我們可以用 VR 讓這些人沉浸在特定角色或功能的「高度逼真」模擬中，藉以了解他們的表現。駿懋銀行集團（Lloyds Banking Group）便是最早採用這種 VR 評估的企業之一。在 LloydsVR 評估中心裡，求職者會戴上 VR 頭戴式裝置，然後進入數位環境中；他們會在裡面透過各種工作場景，直接進行工作考核。

專業服務公司「埃森哲」（Accenture）也用 VR 評估應徵者，而且採用的是更具創意、說故事的方式。應徵者戴上 VR 頭戴式裝置後，進入一個虛擬的埃及地下室，他們被要求解決一系列「象形文字」的問題。這項練習的目的，在於找出有能力和潛力成為軟體程式人員的應徵者。該公司表示，這種方法有助於促進人才的「多樣性」，因為它是根據「職能的潛力」而非紙上的「學術技能」來評估應徵者。例如有一位閱讀障礙應徵者，他在象形文字評估中表現出色，在其他公司的傳統評估過程裡卻難以表現出實力。該公司還表示這種基於 VR 的招募方式，確實協助他們在競爭激烈的畢業生招募過程中脫穎而出，只花了一般公司招募所需的一半時間，卻吸引了 20,000 名畢業生的申請。

這就是非常重要的關鍵之一，因為 VR 體驗是一種非常有效的方式，可以提升企業品牌形象，並且吸引原先可能不會考慮來你公司的應徵者。舉例來說，食品服務公司「金巴斯集團」（Compass Group）雖然是一個擁有超過 500,000 名員工的龐大企業，但他們似乎缺乏家喻戶曉的知名度。而品牌知名度不高，也較難使吸引有才華的畢業生求職，因此金巴斯為他們的校園徵才活動建立了 VR 體驗，讓學生可以虛擬參觀工作場所，並參加影像面試。

對於應徵者來說，VR 也能提供一種簡便的方式，讓他們得以練習面試技巧，並為未來的面試做好準備。這也就是「虛擬演講」（Virtual Speech）工具背後的理念，它可以結合線上課程與虛擬實境模擬，協助應試者在安全、安心的環境中，提高自己的說話技巧並減輕緊張情緒。
（我想我應該這樣說：雖然 XR 在招募人員時所使用的，主要集中在 VR 上，但這並非唯一的選擇。例如紐西蘭的 ASB 銀行使用 AR 來招募企業理財專員，在 AR 應用程式協助下，應徵者可以掃描招募手冊，讓手冊的內容栩栩如生。不過，VR 當然會更普遍一點。）

一旦找到了完美的員工之後呢？正如全球最大的家具零售商「宜家」（IKEA）所做的，使用 XR 來協助員工成功就職。由於零售業的員工流動率相當高（宜家也不例外），因此必須投資於合適的就職和培訓過程。宜家與 VR 公司 Virsabi 合作，創造了一種 VR 體驗，讓員工能夠了解不同的工作職能並體驗企業「領導者」的角色。360 度的 VR 影片會向新同事介紹在不同宜家環境中的兩位真正的領導者，以展示宜家的領導者如何受到公司的八個關鍵價值觀的啟發（例如「團結」和「簡化」）。裡面甚至還有一個遊戲，讓新同事可以在遊戲中，與宜家的關鍵價值觀進行互動。在本書第 6 章裡，會討論到更多在培訓和教育中使用 XR 的相關訊息。

讓資料分析更輕鬆、更沉浸

VR 還為我們提供了許多令人興奮的新方法，可以把資料進行視覺化來協助理解，也讓資訊的展示能夠更加沉浸。

以 BadVR 為例，它的宣傳標語是「走進你的資料中」。我已經寫過整本關於各種資料數據在業務營運、決策制定和了解客戶方面重要性的書籍，所以我歡迎任何可以讓這些資料更易於理解，而且更重要的是利於「採取行動」的東西出現。BadVR 的目的是使用沉浸式技術，作為一種可快速擴展的方式，可以讓幾乎是任何類型的資料集，得以進行「視覺化分析」。而且無論資料集的大小，都轉化為可以操作的視覺處理方式。用戶可以（使用 VR 頭戴式裝置）真正進入他們的資料中，並以令人興奮的新方式來查看這些資料，而非用一系列難以理解的數位呈現，或那些無聊的圓餅圖、浮動出現的圖示或用顏色編碼的符號等。

在金融領域方面，花旗銀行探索了將 XR 技術作為「資料視覺化」的一種方式，為金融交易者打造了一個「全像工作站」（Holographic Workstation）。他們使用微軟的 HoloLens 技術，建立了一個整合的 2D 與 3D 系統，讓交易者能夠即時看到視覺化的財務數據並追蹤趨勢，這些內容都以全像圖的方式呈現。讓資料可以更具互動性而能改善財務決策，當然會是一種極具前瞻性的想法。它還可以讓資料共享變得更為容易，因為全像工作站的用戶，可以直接以語音指令，和其他參與者即時共享這些互動式的視覺化資料。

虛擬會議的改善

我已經在本書前面提過，在新冠病毒大流行期間，Zoom 會議迅速成為許多人的日常習慣。我個人也認為大多數行業，都會逐漸增加遠端工作和虛擬會議的分量。因此我們可以預期 Zoom 及其競爭對手，將會繼續流行，並且會不斷添加讓虛擬會議更好、更方便的新功能。

例如可以讓皮膚光滑，讓你的外表盡量美化的功能？這點其實已經有了。Zoom 的「美顏」（touch up my appearance）選項，就是一個 AR 濾鏡，可以讓你的外表柔化，讓膚色均勻，通常可以讓你看起來更光鮮亮麗。由於現在許多人在視訊會議裡度過的時間，可能都比日常工作還多，這樣的功能便可協助我們，看起來比在現實生活中所呈現的外表更活潑、也更有精神。可惜的是，它並不能過濾掉你身上穿的睡褲，所以你依舊必須在這種開會場合穿著得體！不過誰知道不久後是否就會推出「美裝」功能呢？從目前的趨勢看來，都是朝向讓 XR 相關的濾鏡和功能，變得越來越普及。

轉變為虛擬貿易展

由於我經常出差，所以非常清楚新冠病毒大流行如何徹底改變了商務旅行，而且可能是永久的改變。開會、培訓課程、策略會議和講座之類的許多活動，如果轉移到網路上執行會更為簡便，這點也促使許多人開始質疑，我們是否真的需要在未來疫情減緩後，繼續累積這麼多的飛行哩程？

不過許多大型的國際級貿易展示和展覽，是否真的能夠如此無縫的轉移成線上進行呢？如果世界上第一個真正的數位貿易展「Thin Air[註]」足以提

註 原指稀薄空氣，此處意指無中生有。

供參考的話，那麼答案絕對是肯定的。Thin Air 虛擬媒體展於 2020 年 9 月舉行，這是由戶外裝備評論平台 Gearmunk 所開發的一種戶外行業全新體驗；目的在挑戰戶外市集形式的傳統零售商展覽方式。其終極目標是完全模仿真實世界貿易展的體驗，連最小的細節都不放過。因此，在與會者註冊並建立了自己的個性化頭像之後，便可漫步在會議中心的走廊上，向其他與會者介紹自己。甚至可以在其他人經過時，聽到他們的對話內容（這點要歸功於 3D 空間音效，也就是如果你在兩個人旁邊經過時，你會透過耳機或頭戴式裝置的相對兩側的喇叭，聽到這兩個人的聲音。而如果你背向遠離這兩個人，他們的聲音也會變得比較小聲，就像在現實生活中一樣）。

因此他們的目標很明顯的是在「複製」參加此類展覽的重要社會性功能，以期達成一致的商業利益。這種虛擬貿易展有展區攤位、展示廳和交流區等，幾乎完全跟常規展覽一樣，展區攤位也可布置為品牌形象的代表化身，而且上述這些都會即時呈現出來。

如果拿來與面對面的貿易展覽相比較的話，這種虛擬展覽顯然成本更低、更具彈性且對環境的破壞也更小。展望未來，我認為我們將會看到越來越多的貿易展示和展覽，逐漸轉移為線上的形式，或者至少會過渡到面對面的實體活動和虛擬活動結合的形式。

如果線上空間變得越來越接近現實，也越來越有沉浸感時，上述形式當然很適合吧？舉例來說，我們可以使用諸如 Matterport Capture 應用程式之類的工具，掃描任何現實生活空間，並將其轉換為 3D 空間的設置。也就是說，我們可以輕鬆製作出辦公空間或其他空間的虛擬 3D 複製環境版本（如果願意的話，還可以製作自己的「數位孿生」，稍後會提及這種作法），不論大小皆可。這種做法還可用來製作宣傳影片、虛擬排練甚至 VR 體驗。只要有一部功能相容的相機（包括 iPhone 的相機），這款 Capture 應用程式即可掃描並建立尺寸準確的數位複製品。你也可以編輯和自行定義空間裡的各種內容（例如模糊員工臉部），加入其他詳細訊息，然後使用 Matterport Showcase 應用程式，分享給其他人。借助 Showcase 的功能，其他人便可透過步行模式、娃娃屋檢視（dollhouse view）、平面圖模式等，進來體驗你所建立的空間，也可以為 Cardboard 和 Oculus 等設備，提供更具沉浸感的 VR 體驗。此類工具有助於開放簡單的 VR 體驗給各種類型的用戶。

本章總結

我們在本章學習到以下重點：

- XR 已經廣泛應用於日常生活中，例如基於 AR 的應用程式、工具和濾鏡等形式。最新的智慧型手機和平板電腦都配備了 AR 技術。只要透過合適的應用程式，便能將新奇、有趣和訊息豐富的內容，疊加到現實生活上，範圍從好笑的 Snapchat 濾鏡，到 3D Google 動物搜索結果都是。

- 在各種工作環境中，XR（尤其是 VR）正被廣泛應用在包括招募、就職、培訓、資料視覺化、虛擬會議甚至線上貿易展等方面。

正如我在本章所提，企業品牌使用 XR 技術的最常見方式之一，就是提高客戶的參與度。簡單的 AR 濾鏡是一種比較流行的方式，但某些公司已經開發出更多令人印象深刻的 AR 體驗。舉例來說，百事可樂在倫敦的公車候車亭中，創造了一個令人難以置信的 AR 顯示器，它會把一些令人瞠目結舌的驚恐圖像，例如流星撞擊地面、老虎向他們撲過來等逼真畫面，疊加到眼前的真實街道上，讓等公車的通勤者驚嚇不已。除了百事可樂所做的這些讓通勤者震驚、目瞪口呆的影片，相當值得一看之外，Uber 也不甘示弱，在蘇黎世火車站安裝了 AR 體驗，讓路人可以沉浸在冒險中，比方說在叢林中撫摸老虎等。在 YouTube 上有一部這種與 AR 體驗互動的影片，瀏覽量已超過了一百萬次。

在下一章裡，我們將更深入探討使用 XR 來吸引客戶以及與客戶產生互動的概念。

參考來源

1. 在彩色繪圖中擴增實境角色的即時紋理；迪士尼研究；https://la.disneyresearch.com/publication/live-texturing-of-augmented-reality-characters/
2. Facebook 分享 Spark AR Studio 的重要更新；Facebook；https://developers.facebook.com/blog/post/2019/04/30/spark-ar-studio-update/
3. 擴增實境在數位行銷中的未來？Rubix；https://rubixmarketing.uk/2018/04/06/augmented-reality-digital-marketing/
4. Facebook 最新的概念驗證 VR 頭戴式裝置可以看起來像一副太陽眼鏡；The Verge；https://www.theverge.com/2020/6/30/21308813/facebook-vr-sunglasses-research-proof-of-concept
5. 《聯盟》在情人節舉辦 VR 相親派對；Trendhunter；https://www.trendhunter.com/trends/vr-blind-date-party

6. 約會的未來：2040；eHarmony；https://www.eharmony.co.uk/ dating-advice/wp-content/uploads/2015/11/eHarmony.co_.uk- Imperial-College-Future-of-Dating-Report-20401.pdf

7. 黑人旅行：關於美國種族主義的令人大開眼界的 VR 紀錄片背後；衛報；https://www.theguardian.com/tv-and-radio/2019/sep/02/traveling-while-black-behind-the-eye-opening-vr-documentary-on-racism-in-america

8. 2021 年式賓士 S-class 展示大螢幕、帶有擴增實境的 HUD；Motor1；https://www.motor1.com/news/432657/2021-mercedes-s-class-w223-interior/

9. 俄羅斯乳牛佩戴虛擬實境頭戴式裝置以「減少焦慮」；BBC News；https://www.bbc.com/news/world-europe-50571010

10. 這三項業務功能可以透過 VR 進行改造；富比士；https://www.forbes.com/sites/bernardmarr/2020/07/31/these-3-business-functions-could-be-transformed-by-vr/#2beb5df021b1

11. 擴增實境如何滲透到人力資源領域；People Management；https://www.peoplemanagement.co.uk/long-reads/articles/augmented-reality-infiltrating-world-hr

12. 這三個業務功能可以透過 VR 進行改造；富比士；https://www.forbes.com/sites/bernardmarr/2020/07/31/these-3-business-functions-could-be-transformed-by-vr/#2beb5df021b1

13. 宜家正在使用虛擬實境進行入職教育和培訓；Virsabi；https://virsabi.com/ikea-is-using-virtual-reality-for-onboarding-and-training/

14. HoloLens 可以透過這款 VR 工作站進入金融領域；Mashable；https://mashable.com/2016/03/30/hololens-finance-citi/?europe=true#e0GtQZbZysqT

15. 蘇黎世總站的擴增實境體驗，Uber；YouTube；https://www.youtube.com/watch?v=bCcvEVyAXQ0

5

客戶參與和零售業

如何讓零售業變得更好？如何吸引人們參與並讓客戶的購買流程更有趣？你如何簡化客戶購買決策的過程並提高轉換率？如何減少退貨（退貨成本對零售商而言是相當巨大的負擔，對線上零售商來說更是如此）？這些都是企業必須不斷努力解決的問題。

XR 技術可以協助簡化購買過程中的曲折之處，並為這些關鍵問題提供某些解決方案。如果使用擴增實境的方式，更可以讓客戶在購買前查看甚至試用。舉例來說，我們可以利用 AR 應用程式，以數位化的方式將一種新的指甲油顏色，疊加到客戶的指甲上；或者用數位方式，直接在客戶的辦公桌上展示最新的小工具，讓他們可以從各個角度檢視。因此，AR 等於為客戶提供了一種「個性化購物體驗」，讓購物的過程變得更視覺化。其他 XR 還可以為客戶提供更身歷其境、更有意義的體驗，例如我們可以用 VR 來簡短敘述關於品牌形象或產品歷史的故事。XR 甚至為一些創新的 B2C 企業提供了機會，讓他們可以創造新的「純數位產品」，供客戶在虛擬世界裡享用，例如數位服裝等。多虧 XR 讓這一切想法，甚至未來更多的想法，都變成可能。

仔細想想，零售業改頭換面的時機已經成熟，尤其是在「網路購物」體驗方面。以線上購買家具為例，很多人仍然親臨賣場而不在線上購買家具是有原因的：首先就是在網路上判斷像「沙發」這類東西的大小，真的有點難度，另一個問題則是想像沙發擺在你家客廳裡到底會是什麼樣子呢？如果沙發送到以後，你才發現它擺不下，或跟房間的其他家具不搭的話，退貨就會是一場噩夢。因此現在的家具零售商，正在使用 AR 協助客戶將想要購買的家具（或其他居家用品或油漆的顏色等），以數位方式投影到客戶家中，而且還能按照比例縮放，這樣客戶就可以準確判斷這件家具是否適合自己。現在甚至包括衣服、化妝品、眼鏡、鞋子、珠寶、紋身等幾乎任何東西，都能如法泡製。

研究證明，大多數客戶不僅對這些工具抱持開放態度，而且如果他們透過 AR 有體驗過某件商品的話，購買的可能性會更高，有些人甚至最初並不打算購買該項商品。

- 根據 2019 年的一項研究顯示，有 57% 的英國客戶表示他們相當肯定，或是可能會使用可以提供更多產品訊息的 VR / AR 應用程式。而對美國客戶的調查顯示，這個數字更高達 62%。
- 從 2016 年的一項研究發現，72% 的購物者因為 AR 而購買了原先不在他們計畫中的商品，而且有 55% 的購物者表示 AR 讓購物變得有趣。
- 在 COVID-19 疫情大流行之後，當許多地方實體店關閉時，使用 AR 的零售商，其客戶參與度反而飆升了 19%。更重要的是，將使用 AR 的客戶與不使用 AR 的客戶相比，轉換率（conversion rates[註]）也提高了 90%。

在本章中，我們將會探討從紋身藝術家到家具和汽車製造商，再到化妝品公司等，各種「直接面對」消費者的企業裡，一些鼓舞人心的真實 XR 範例，並將這些已經提供 XR 的公司所用的方式分類如下：

註　網站或應用程式希望客戶進行動作的達成率。例如此處對零售商來說，可能是客戶在使用 AR 體驗後購買的比例。

- 為客戶提供有趣和身歷其境的新體驗
- 讓客戶能更仔細的看到和體驗產品
- 讓客戶能夠在購買之前虛擬試用產品
- 提供客制產品的新機會
- 創造創新的數位化產品

這些分類代表了目前最常見的 XR 用途，隨著技術發展，我們期待可以看到更多令人印象深刻的不同用途和體驗。舉例來說，現在大多數的 AR 服裝購物體驗，多半僅限於觀看衣服在模特兒身上穿起來的樣子，或是查看代表各種尺寸的替身的商品。但在未來，我們可能會建立一個數位化身，可以準確的代表自己的身材和體型。這樣當你在網路購物時，便能直接讓自己的數位化身，在虛擬更衣室看看自己穿起這套衣服的樣子。換句話說，在接下來的幾年裡，我們將會看到最新的零售業體驗，並且以我們在 20 年前甚至 10 年前，完全難以想像到的方式產生變化。

為客戶提供更多沉浸式體驗

VR 和 AR 為品牌提供了與客戶互動的新方式，讓客戶沉浸在既有訊息性且具娛樂性的體驗中，現在就讓我們來看一些 XR 應用在加深「客戶參與度」的例子。

Foot Locker

美國鞋類和運動服裝零售商 Foot Locker，以讚揚年輕和運動鞋文化為理念。因此在推出 LeBron 16 King Court Purple 詹姆士大帝運動鞋時，Foot Locker 便使用 XR 技術，把發表活動變成鞋迷的一場趣味體驗。

請暫時忘掉在店門外露營排隊幾個小時，購買必備新品的經驗（就像你可能會為最新發表的 iPhone 排隊一樣）。Foot Locker 設計的是一個基於 AR 的尋寶遊戲，使用 AR 應用程式和地理定位線索，把洛杉磯的運動鞋迷帶到一個神祕的地方，可以在此處購買「早鳥限量版」這種最令人垂涎的運動鞋。發布的體驗是與設計創新機構 Firstborn 合作打造，整場體驗也大獲成功，運動鞋在兩小時內便完全售罄，充分展示了 AR 如何用來製造炒作氛圍和促銷的能力。

漢堡王

Foot Locker 並非唯一一家以「古怪有趣」的方式使用 AR 的公司。美國跨國企業漢堡王，每天來客數超過 1,100 萬人，是目前全球第二大速食漢堡連鎖店。但隨著速食店越來越多，漢堡王抓住了「燒掉」競爭對手的機會，他們所用的就是 AR 擴增實境的作法。

漢堡王在自己的 app 裡建立了一個支援 AR 的功能，並取名為「燒掉那張廣告」（Burn That Ad），鼓勵漢堡王 app 的用戶「燃燒」掉競爭對手速食連鎖店的廣告，來賺取免費的漢堡王「華堡」。用戶只要將智慧型手機鏡頭對準競爭對手的廣告牌、海報或雜誌廣告，應用程式的 AR 功能就會讓這張廣告燃燒起來（而且是用漢堡王著名的火烤風味影片來燃燒）。在競爭對手的廣告被燒焦後，一張華堡的圖片便取代該廣告，並且附上可以在鄰近的漢堡王餐廳免費領取漢堡的連結。這是漢堡王與創意機構 DAVID 合作，在巴西推出的活動，其聰明之處在於它等於把競爭對手公司在廣告版位上的投資，通通轉化成自己的廣告！

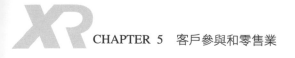

Red Bull

奧地利公司 Red Bull（紅牛），擁有世界能量飲料市場最高的市占率，而且也因其對體育賽事和運動員的「高調贊助」而聞名，贊助範圍不僅包括傳統運動，還包含一些可能被認為非傳統的特殊運動。

因此當 Red Bull 推出第一個基於網路的 AR 體驗時，就與職業遊戲玩家兼超級網紅「Tyler “Ninja” Blevins」（一般稱 Ninja，亦即忍者，他是以 Halo 和 Fortnite 等線上遊戲而聞名）合作了。這款「和 Ninja 一起獲勝」（Win with Ninja）的活動完全基於網路，這些粉絲不必下載應用程式，就能直接玩遊戲。他們可以使用簡單的 AR Snapchat 鏡頭，而且只要點擊 Red Bull 網站上的按鈕即可啟動。這些狂粉們可以在家裡看到 Ninja 的互動化身，他們可以直接拍攝他的照片並參加抽獎，以便贏得真正的遊戲環節與獎章。Red Bull 與德國企管公司「and dos Santos」合作創造了這項體驗。在體驗中還展示了一款限量版的 Red Bull 飲料罐，上面印有 Ninja 的照片。我覺得這種「用戶無須下載 app」的事實，確實會讓這項活動具有更容易令人印象深刻的可行性與共享性。

樂高

丹麥玩具公司樂高（LEGO）成立於 1932 年左右，不過他們一定不會害怕擁抱新技術和新媒體，因為他們在電影、行動 app 和機器人技術等方面的成績斐然。樂高在 2019 年推出了八款使用 AR 的樂高積木，並取名為「隱藏之處」（Hidden Side）；這系列均以鬼屋為特色，目的在結合現實生活和虛擬世界。整個想法是孩子們可以建造一個鬼屋模型，然後用免費的互動式 AR 應用程式，在家裡狩獵和捕捉「鬼魂」。這個 app 描述了一個故事背景——孩子們在自己家裡發現了神祕事件。即使沒有購買這些積木，樂高迷們仍然可以使用該應用程式玩獨立的遊戲。當然如果你面前有實際完成的樂高組合時，體驗一定會更好。它還擁有新的「多人遊戲」功能，例如一個孩子可以扮演幽靈獵人，最多可以有其他三個人扮演幽靈。我喜歡這套遊戲的原因在於它連結了現實生活和虛擬遊戲，加深了孩子們在現實生活裡組合樂高玩具的體驗。

賓士

現在來點更成熟的東西吧！德國汽車製造商賓士（Mercedes-Benz）成立於 1926 年，以各種豪華車型聞名於世。因此在推廣新車型時，賓士選擇讓客戶沉浸在奢華的宣傳活動中，也就不足為奇了。

不久之前，賓士創造了一項非常流暢的虛擬體驗，讓客戶可以駕駛 SL 車型，沿著加州優美的太平洋海岸公路漫遊。接著為了慶祝新款 E-class 轎車的推出，該公司還製作了一段美麗的 360 度影片，展示該車在里斯本和葡萄牙鄉村巡航的過程。這項展示體現了如何運用 XR 相關技術，創造出身歷其境的新體驗，從而強化客戶對於品牌的認同。在這種情況下，擁有一輛賓士更能將你帶入一種全新的、豪華的，也更加美好的生活。還記得我們常說的一句老話：「秀而不說」（Show, don't tell），用 XR 讓客戶「親身體驗」，絕對比光用說的效果更好。

現在我們就本著「秀而不說」為前提來看看幾個例子，說明 AR 和 VR 如何被一些酒類品牌和飯店酒吧熱情採用，並在視覺上取悅與娛樂他們的客人。

奧德維奇一號飯店

位於倫敦柯芬園（Covent Garden）的奧德維奇一號飯店（One Aldwych Hotel）是一家五星級精品飯店，擁有你所期待的各項奢華設施，當然也包括一間迷人的大堂酒吧。2017 年時，一款獨特的限量版「VR 雞尾酒」在此誕生。

如果你想知道的話，我可以先告訴你雞尾酒本身是「真實」的。這款名為 Origin 的飲品是由 12 年陳釀威士忌、櫻桃酒、櫻桃糊、葡萄柚汁、巧克力苦味酒和香檳混合而成。VR 對這款酒而言，比較像是一種花俏的裝飾。點這杯雞尾酒的客人會先戴上一個 VR 頭戴式設備，在看到的虛擬實境中，他們被傳送到蘇格蘭高地的 Dalmore 酒廠（Dalmore 威士忌是雞尾酒裡的主要成分）。這場 VR 體驗的目的在於展示該雞尾酒的起源，因此客人被帶往威士忌陳釀的釀酒廠，然後前往大麥田和釀造威士忌所用的水源。接著在美麗的高地上空翱翔之後，顧客再次虛擬的飄回飯店酒吧，整場體驗以調酒師製作飲品的方式作為結束。取下護目鏡後，客人就會看到眼前的飲料，就跟在虛擬體驗最後看到的完全相同。這家酒吧在發表夜便售出了 30 杯 VR 雞尾酒，現場呈現了一種明顯的「骨牌效應」。也就是說，當其他客人看到有人享受這種附帶 VR 技術的雞尾酒時，也會想要點一杯來嘗試一下。我很喜歡這種體驗所展示的威士忌陳釀起源故事，因為這等於是讓客戶了解品牌歷史和價值觀的一種巧妙方法。

美樂淡啤酒

酒類品牌通常會為各種「假期」進行特別活動，在美國尤其如此。這些活動現在正在呈現出一種嶄新的、更加身歷其境的轉變。正如美國啤酒品牌美樂淡啤酒（Miller Lite，最早推出低熱量、低碳水化合物的啤酒）在聖派翠克節（St. Patrick）所推出的 AR 體驗一樣。

而在另一種基於網路的 AR 體驗上，美樂啤酒的粉絲並不需要下載專門的應用程式。只要拿著一罐美樂淡啤酒，在手機上打開 Miller Lite 網站上的一個特殊頁面，掃描實體罐頭上的 Miller Lite 徽章，就會有一隻 AR 小精靈，從啤酒罐裡跳出來，走進你的生活環境中。這隻小精靈還會娛樂用戶，例如從你的鬍子裡變出一罐啤酒。更重要的是，用戶很樂於拍下小精靈的照片，在社交媒體上與朋友分享，這點也有助於提高品牌知名度，並引發更多人參與活動。

類似方式的 AR 標籤和包裝，跟剛剛示範的兩個例子一樣，正迅速成為一種品牌對客戶分享訊息很受歡迎的方式。

龐貝藍鑽琴酒

優質琴酒品牌龐貝藍鑽琴酒（Bombay Sapphire，亦稱孟買藍寶石）以其柔順口感和獨特的藍色酒瓶聞名。AR 技術讓這些瓶子，更具體的說是這些瓶子上的「標籤」，變得更具互動性。

龐貝藍鑽琴酒與極受歡迎的應用程式 Shazam，以及 AR 製作公司 ZAPPAR 共同合作，使用瓶子的標籤作為啟動訊息的方式，為用戶創造了獨特的 AR 體驗。只要使用手機的 Shazam app 掃描酒瓶上的標籤，就會長出美麗的植物，也就是代表琴酒本質和特點的植物。接著用戶可以點擊螢幕觀看一系列不同雞尾酒配方的獨家影片內容，當然這些雞尾酒的配方都是以龐貝藍鑽琴酒為基酒來調配的。

這個例子的重點在於說明幾乎任何實體項目，都可以用來提供額外的數位內容，包括影片、動畫和文字訊息等。

活酒鑒 app

葡萄酒廠商當然也不甘示弱，同樣加入支援 AR 互動的標籤流行趨勢中。澳洲富邑集團（Treasury Wine Estates）的「活酒鑒」（Living Wine Labels）app，便將酒瓶上的標籤加入 AR 內容，變成一張通往趣味與豐富訊息的標籤，這些 AR 內容當然都跟葡萄酒有關。

這款免費 app 由全球最大的葡萄酒公司之一富邑集團和遊戲引擎開發商 Unity Technologies 所建立，可以讓葡萄酒愛好者透過 AR 內容（例如特定葡萄酒來源的葡萄園歷史），強化他們對所愛葡萄酒的體驗，或是出現酒評特色筆記，協助他們享受該款葡萄酒。例如有一支獨特的酒名為「陰屍路」（沒錯，真的有這種酒），這款葡萄酒的愛好者便可以用該 app，讓《陰屍路》影集中的「瑞克警長」（Sheriff Rick）出現在他們的客廳裡。

以更詳細的方式將產品帶進生活

AR 和 VR 具有非常大的潛力，可以讓買家在購買商品前，更仔細的查看和體驗產品，進而簡化他們的購買決策。事實上，許多品牌都在投資支援 XR 的工具，以協助他們的客戶可以在舒適的家中就能了解產品。

Apple

家喻戶曉的 Apple（蘋果）公司是世界上最知名的品牌之一。對許多人來說，Apple 產品的顧客有近乎狂熱的品牌忠誠度，經常可以看到顧客在商店外排起長龍，等待最新發表的 iPhone 或 iPad。

雖然顧客忠誠度極高，但蘋果依舊利用 AR 來協助客戶在購買產品前，能夠更仔細的了解欲購買的產品。例如當年為了展示 iPhone11 系列，Apple 便建立了一個基於網路（透過手機造訪 Apple 網站）的 AR 展示，讓客戶可以從自己的螢幕上查看並操作新手機。用戶可以轉動虛擬的 iPhone，從各種角度觀看新機，然後切換到 AR 模式，以數位方式將手機呈現在真實世界中，讓用戶可以看到新機在現實生活中的樣子，以及實際大小如何。Apple 也為新發表的 iPad Pro 做了類似的展示，讓客戶可以將新 iPad

以數位方式，放在自己的辦公桌或書桌上，並以不同角度旋轉觀看。這種方式可以在你無法於現實生活中親臨商店查看產品時（例如疫情的封鎖期間），讓 AR 功能協助客戶更適切的感受產品的特色。

Asos

英國最大時尚購物網站 Asos 成立於 2000 年，算是一個相對年輕的品牌，因此在年輕人當中擁有大量追隨者。所以 Asos 也把較新的 AR 技術，用來強化客戶的購買過程。

2020 年，Asos 在網站的產品頁面上引入 AR 功能，讓購物者可以看到模特兒穿上產品的模擬圖。這項與 AR 兼 AI 專家 Zeekit 公司合作開發的「看我穿」（See My Fit）功能的目的，在於協助客戶可以更方便的判斷衣服的尺寸、剪裁與合身度。方法是透過不同高度、尺寸的多個模型，展示相同的衣服。因為這些圖像是模擬的，所以模特兒並沒有真的穿上衣服，而是作為一種「衡量」衣服在不同體型上的表現方式（讓你不必在腦中猜測是否合身），這種方式對購物者相當有用。由於客戶退貨的主要原因是尺寸不合或鬆緊度上的差異，有了這種 AR 強化產品展示方式，便可協助 Asos 這類線上購物網站減少退貨的比例。

Gap

Gap 早在 2017 年就推出了類似的先驅應用程式。美國零售商 Gap Inc. 成立於 1969 年，是世界知名的服裝和配件品牌之一。雖然在品牌風格方面強調經典與舒適，但在購物體驗方面，Gap 並不害怕挑戰極限。該公司的先驅應用程式名為 DressingRoom by Gap（Gap 試衣間），該應用程式使用不同體型的化身，以展示 Gap 產品在不同體型上的穿搭情況。

蘇富比和虛擬賞屋之旅

讓我們從買衣服來到買房子。VR 可以建立房地產的數位化演示，改變房地產銷售的傳統方式，其作法是讓潛在買家可以舒適的在家中，以任何設備上網查看與遊賞，並獲得與現實生活看屋幾乎沒有區別的虛擬演示。除了觀看典型的平面圖和靜態照片之外，使用 VR 導覽更可以協助買家仔細了解房屋的空間感，還能搭配雅緻的背景音樂等附加功能，用來營造特定的賞屋氛圍。

VR 地產之旅對高階買家特別有用，這也就是蘇富比「豪宅 VR 之旅」背後的概念。從 1976 年以來，蘇富比國際地產部門一直在 70 多個國家 / 地區銷售各種豪宅。然而當買家遠在世界另一端時，他們親自在現場進行快速房地產之旅的可能性非常小。於是蘇富比建立了 VR 之旅，讓這些有錢人透過行動裝置和相容的 VR 頭戴式裝置，虛擬體驗這些豪宅地產。

當然這種虛擬房屋導覽方式，並不能完全取代「面對面」的實體賞屋體驗。相反的，他們的目的是透過以一種更簡單、更省時的方式，為買家提供詳細的「首次賞屋體驗」，強化房地產銷售流程。如此一來，地產經紀人只需與認真的潛在買家進行實際的賞屋導覽，不必浪費時間在那些可能一進門就覺得不合適的房地產上。

佳士得

雖然佳士得經常關注的是高階拍賣物品，但佳士得也同樣採用了 XR 技術。佳士得於 1766 年在倫敦成立，專門從事藝術品、古董、珠寶等的頂級拍賣和私人銷售。該公司現在正在使用 AR 來強化藝術品拍賣的流程，讓這些高級用戶透過佳士得的應用程式，在 AR 中查看繪畫、素描和版畫等藝術品。換句話說，你可以將羅斯科、畢卡索、莫內等藝術家的作品，以數位方式懸掛在自己家中牆上，在花掉許多現實生活中的現金之前，預先觀看是否合意。

雖然我們之中可能沒有多少人有錢購買這些藝術傑作，但在現實生活空間中虛擬查看產品是否合意的想法，正在整個零售行業中流行，尤其是在家居用品、大小家具和家居裝修方面。

Home Depot

Home Depot（家得寶）是全球最大的家居裝修零售商，在美國、加拿大和墨西哥擁有將近 40 萬名員工和 2,200 家門市。現在如果用戶在 Apple 裝置上以 Safari 上網時，可以看到額外的彈出式 AR 內容，稱為「AR 快速查看」（AR Quick Look）。這是 Apple 為許多零售商和品牌所推出的功能。

Home Depot 也透過自己的 Project Color （投射顏色）應用程式，投資了自己專屬的 AR 技術。其想法是協助購物者找到適合自家空間的正確色調，並在購買之前，可以在他們的房間裡嘗試不同的配色。換句話說，你只需將相機對準家中的牆壁或房間，並在 app 中選擇一種油漆色調，空間的配色就會在你的眼前變換，真實呈現油漆在牆壁上看到的樣子。

找到完美的配色對於客戶來說，是個經常必須面對的問題。我相信我不是唯一一個會根據那些油漆樣本的小卡片，就選擇並買下一種油漆顏色，直到刷在家裡牆上才發現不適合的人，而且通常可能是因為房間比例大小或現場光線的緣故而覺得不適合。因此，像這樣的 AR 工具簡直是天賜之物，因為它能消除客戶的常見「痛點」，避免他們將寶貴的金錢和時間，浪費在不合適的產品上。

宜家家居

選擇正確油漆色調，並不是消費者在讓房屋改頭換面的唯一棘手決定。購買「大型家具」也很容易讓人頭疼和猶豫不決。它在房間裡會是什麼樣子？跟其他家具搭配嗎？擺得下嗎？

宜家（IKEA）的應用程式有助於回答這些問題。宜家家居自 1943 年在瑞典成立至今，已經擴展到 50 多個國家。根據該公司的估計，地球上幾乎每四個人就會有一個人以某種方式接觸到宜家的產品，這種比例對於家具零售商來說是相當驚人的數字。IKEA Place 應用程式可讓客戶在家中以數位方式呈現宜家家具，以便在購買前查看其是否合適。用戶可以先掃描有疑問的房間，以便建立準確的展示，接著他們便可將想要購買的宜家家具和物品，放置在該房間的數位成像中。宜家也保證該應用程式所提供的 3,000 多種物品的數據都是真實的，其準確率高達 98%，因此你可以確定沙發是否適合你的客廳。該公司還聲稱他們的 AR 技術相當精確，甚至可以讓你看到織品的紋路，以及家具與房間光影的相互影響。

我們可以從上述的例子看到，零售業正朝向利用科技來簡化客戶購買流程，並往更容易點擊「立即購買」按鈕的方向發展。事實上，已經有越來越多的零售商，持續投資自己的 AR 應用程式和功能。

Target

美國零售商 Target（目標百貨公司）在美國擁有極大的普及率，在全美 50 個州都有連鎖店。根據估計，超過 75% 的美國人口，都居住在 Target 商店 10 英里的範圍內。

Target 跟宜家一樣，也為購物者提供一種在購買前，先在家中「查看」產品的方式。Target 應用程式上的「在你的空間中查看」（See It in Your Space）功能，是使用 AR 將家具和其他零配件，以數位方式疊加到用戶的現實生活空間中。

Target 還在 Snapchat 建立了 AR 功能，例如以萬聖節為主題的 AR 體驗，可以讓用戶看到自己穿著三種不同的 Target 萬聖節服裝（包括女巫、美人魚和獨角獸）的樣子。

Wayfair

美國家具和家居用品電子零售商 Wayfair 成立於 2002 年，最初是在線上銷售音響架和揚聲器腳架，後來這家電子商務零售商，已經發展成為世界上最受消費者歡迎的家居用品購物網站，擁有超過 1,800 萬種產品。

Wayfair 身為一家線上零售商，沒有豪華的陳列室或零售店，可以讓客戶在現實生活中查看他們的產品。但由於他們在行動裝置 app 中支援 AR 的「View in Room」（在房間觀看）3D 功能，因此 Wayfair 的客戶可以輕鬆地在自己家中，以視覺化的方式觀看家具和家飾。由於是以全尺寸的 3D 方式投影家具或家飾，購物者可以直接看到是否適合自己的空間，以及放在房間裡的樣子。更重要的是，由於這種圖像是 3D 的，因此客戶還可以在數位呈現的物品周圍走動，以便從不同的角度查看。這等於為產品疊加到現實生活空間的用法，帶來新的思考，讓客戶在決定是否適合他們之前，更詳細的體驗產品。

Amazon

電子商務先驅 Amazon（亞馬遜）對於在網路購物領域開闢新天地的努力毫不遜色。他們在 2019 年推出了「Showroom」（虛擬陳列室）功能，用戶可以將家具放置在虛擬客廳中，訂製房間的擺飾並購買物品。你也可以選擇不同的牆壁和地板顏色，建立自己的個性化客廳，然後加入椅子、咖啡桌、地毯甚至藝術品等。當你將所有喜歡的產品填滿房間後，還可以把房間裡的所有物品轉移到你的購物車，這項功能不僅可以在亞馬遜網站使用，也可以在他們的行動裝置 app 中使用。

Toyota

汽車製造商也開始使用 AR 協助客戶詳細查看和體驗新車。日本跨國汽車製造商 Toyota（豐田汽車）是世界上最大的製造商之一。2019 年，負責英國銷售及售後服務的公司 Toyota GB，建立了一款 AR 的 iPad 應用程式，讓消費者可以在 C-HR 混合動力車型上「看到內部」（see inside）。這款應用程式設計用在展場、貿易展和購物中心等，使用 AR 將汽車的內部工作原理，疊加到車輛的外部，藉此向消費者展示混合動力技術的工作原理，及其所能提供的好處，甚至還提供了本車關鍵特性的訊息，例如所使用的電池和油箱等。我喜歡這個例子的原因，在於它展示了如何使用 AR 來強化客戶在實體店內的體驗。從理論上來說，這種想法可以應用於任何商店中的任何實體產品。客戶只需將手機或平板對準產品，即可獲得額外訊息，例如產品的工作原理以及選擇此項產品的好處等。

「先試後買」的新時代

讓客戶可以更詳細看到和體驗產品是一回事，但如果讓客戶試穿自己衣服尺碼的數位化體驗呢？如果客戶能夠在家中或任何地方實際試用產品的話，購買決策一定會比以往任何時刻都更容易，還有助於消除線上購物體驗的煩人步驟。現在我們也可以透過數位方式試用各種物品，包括眼鏡、化妝品、衣服、手錶，甚至紋身等。這些產品試用多半透過 AR 應用程式或 AR 網路體驗來實現，不過我們現在也有智慧鏡（smart mirror），結合了 AR、人工智慧（AI）和手勢辨識技術，並以數位方式來調整你的影像，以建立非常逼真的擴增實境反射影像。

這種強大的技術同時結合了 XR 和 AI，舉例來說，AR 應用程式可以讓你在嘗試不同髮型或髮色前，預先觀看它們結合在你身上的樣子。如果再把這種技術與人工智慧結合，就成了一個聰明的應用程式。它不僅可以學習你喜歡的髮型和顏色，分析你的臉型和膚色，還會就哪種風格和色調最適合你，提出明智的建議。

讓我們看看各家品牌如何將「先試後買」的方式，提升到全新的層次。

InkHunter

你真的確定要在手臂紋上那條「巨龍」嗎？不再考慮一下？在把巨龍永久紋在皮膚上之前，為何不先看看它在現實生活中的模樣呢？這就是總部位於舊金山的 InkHunter 應用程式的想法。InkHunter 成立於 2014 年，為喜歡紋身但希望先確定紋身適合自己的人，提供一款行動裝置 app。

該應用程式使用 AR 技術，將紋身設計即時投影在你的身上。你可以從他們的設計庫裡選擇圖樣，或上傳自己的設計圖，然後調整投影在你身上的圖片尺寸和位置。當你觀看智慧型手機的螢幕時，就會看到一個已經刺上新紋身的自己。如果喜歡螢幕上所看到的，還可以拍下照片，傳給你的紋身藝術家參考，或是分享給朋友聽聽大家的意見。應用程式裡甚至還有一種「模糊效果」的選項，可以大略顯示紋身過了幾年以後的樣子，因為那時候的紋身線條可能會稍微淡一點。我很喜歡這種應用，不僅可以展示現在紋身的樣子，還可以展示它在皮膚上的老化情況，而且這種應用對其他產品來說，可能也很有用（例如觀看花大錢買的豪華真皮沙發，在幾年之後可能軟化或老化的情況等）。

Skin Motion 的聲波紋身

如果不確定是否想當個「龍紋身」的人，那麼在身體刺上一分鐘長度的聲紋如何？ Skin Motion 的「聲波紋身」（Soundwave Tattoo）由洛杉磯的一位紋身藝術家所發明，可以讓你把最喜愛的人的聲音、你最喜歡的歌曲或其他各種聲音的錄音，轉換成優美的聲波圖紋，甚至還可以透過 Skin Motion 的應用程式，用手機播放這段聲音。其做法是你把錄音上傳，該應用程式會生成聲波模式，然後將該聲紋設計交給 Skin Motion 藝術家網路認證過的紋身藝術家，該藝術家便可將此聲紋刺到你的身體上。而為了讓手機可以播放，聲波的圖紋必須印在身體的平坦部分，例如手臂上，而且不能圍繞身體部位彎曲。在完成紋身 24 小時後，你便可透過應用程式播放這段聲音（有收費），只需將手機鏡頭對準紋身即可播放。雖然這不太算是嚴格意義上的「購買前先試用」的例子，但它展示了如何透過 XR 技術，強化整個客戶的購物體驗。亦即先讓客戶在購買前試用產品，然後讓他們可以在購買後很長一段時間裡，不斷體驗這種令人興奮的新產品。

Warby Parker

成立於 2010 年，總部位於紐約的 Warby Parker（沃比．帕克）是一家販售驗光眼鏡和太陽眼鏡的網路零售商。過去在選擇一組新鏡架的過程可能相當麻煩，貨架上看起來不錯的東西，對你來說並不一定合適，要知道到底哪一副戴起來好看的唯一方法，就是在店裡花很長時間，一副接一副的試戴，而且店員還會一直跟在旁邊給你意見。我了解這點的原因是因為我十幾歲的女兒必須戴眼鏡，雖然她想要最新的時尚鏡框，但並不想在週六早上花時間在眼鏡行挑選。坦白說，家裡的其他人也不想如此。因此，你可以想像當 Warby Parker 推出屢屢獲獎、支援 AR 的應用程式時，當然讓我們輕鬆許多，因為這個應用程式可以讓客戶透過手機試戴各型眼鏡。

由於身為線上眼鏡零售商的 Warby Parker，無法像傳統眼鏡行可以在店內試戴鏡框，因此這種可以直接面對消費者銷售的方式，讓他們在業界處於領先地位是相當合理的。事實上該公司過去的做法是讓客戶從網站上選擇五個鏡架，然後將它們全部寄給客戶，讓他們在家免費試戴，然後再決定購買哪一副。這種作法雖然已經很聰明了，但依舊不是選擇鏡架的最快方法。

所以 Warby Parker 使用 AR 技術徹底改變了這種作法，該應用程式使用「臉部映射」（face-mapping）技術，向客戶展示他們的臉在佩戴不同鏡架時的樣子。而且這個應用程式中的細節令人印象深刻，即使轉動或傾斜頭部，虛擬眼鏡也會保持在正確的臉部位置。這個應用程式還可以顯示光線在不同的鏡架和金屬細節上的反光效果。對我來說，這種做法證明了高品質的 AR 體驗，能夠徹底改善客戶體驗，並將潛在客戶轉變為忠實用戶。

Nike

線上購買「球鞋」則是另一種充滿困難的購物體驗。如果你的鞋子尺寸介於兩號尺碼之間，或在不同品牌必須選擇不同尺碼的話，更是麻煩。美國跨國公司 Nike（耐吉）以流行時尚的鞋類和服裝而聞名。但很奇怪的是，它的許多款式都採用了偏小號的尺碼。如果你在大多數品牌穿 11 號的話，可能會發現穿 Nike 時要選 12 號。有時你可能穿 Nike Air Max 設計的 12 號，但穿 Epic Reacts 款式的必須選 11.5 號。唯一可以確定尺碼的方法，便是前往 Nike 商店親自試穿，這曾經是唯一可以確定的方法。

2019 年，Nike 更新了應用程式，推出一款新的 AR 工具，可以用來測量顧客的腳，讓他們買到合腳的運動鞋。一旦使用 Nike Fit 應用程式的 AR 功能，你只需先選取想買的運動鞋款式，然後站在牆邊，將相機對準你的腳。當應用程式辨識出你的腳後，就會進行掃描，其測量精確度可以達到 2 公厘，並且會根據你選擇的款式，告訴你應該購買的鞋碼。Nike 對其測量應用程式非常有信心，甚至也打算在實體商店中使用這項技術。這個應用再次展示了 XR 技術如何強化店內和線上購物的體驗過程。

這類工具的另一個好處是讓父母的生活可以更輕鬆。尤其是家裡年幼的孩子，他們長大的速度飛快，如果能在家裡準確測量孩子的腳，並在線上訂購正確尺碼的鞋子而無須帶孩子到實體商店試穿，真的非常具有吸引力。

瑞士手錶和 Grand Seiko

日本製錶商 Grand Seiko（精工錶）深受鐘錶收藏家推崇，是為少數幾家幾乎所有鐘錶都在內部製造的鐘錶公司之一。我很喜歡經典的手錶設計，不過在購買昂貴的豪華手錶之前，我當然也會三思而後行。為了轉換買家的購物流程，Grand Seiko 和豪華手錶專業零售商 Watches of Switzerland（瑞士錶）共同建立了一個 AR Instagram 濾鏡，讓人們可以將手錶投射到手腕上，拍下照片貼到 Instagram 與朋友分享。換句話說，不必去精品錶店就可以看到手錶戴在手腕上的樣子，甚至還可以用手指反轉手錶來查看錶背。這款 AR 濾鏡使用了 Facebook 的 Spark AR Studio 軟體所建立。

WatchBox

在手錶方面，專門從事豪華二手手錶交易的全球電子商務平台 WatchBox（手錶盒），已經建立了具有 AR 功能的應用程式，同樣可以讓客戶在購買之前，先行試戴豪華手錶。這些手錶是以數位形式出現在用戶的手腕上，並且可以準確呈現手錶的真實尺寸、形狀和立體感。用戶也可以為戴上的手錶拍照，分享到網路上。這種做法也說明了與朋友和家人（你最常聆聽意見的人）分享「虛擬試戴」的能力，逐漸成為一種流行的作法。

FaceCake

如果你曾經上網購買過珠寶，應該知道根據圖片來衡量尺寸以及合身與否，確實是件相當困難的事，這也就是 AR 試戴（或試穿）的應用程式最擅長之處。加州新創公司 FaceCake 行銷科技對此事非常了解，這家軟體行銷公司正是購物平台創新，以及使用 AR 來克服「傳統購物障礙」的業界先驅。

FaceCake 眾多的 AR 創新之一便是 Dangle（懸掛）應用程式，這是一種讓用戶虛擬試戴「耳環」的 AR 工具。該應用程式逼真的動作和配合用戶臉部尺寸互動的能力，讓購物者可以準確了解耳環掛在耳朵上的外觀。所以許多珠寶零售商也紛紛效仿，建立自己的虛擬試戴應用程式。印度線上暨實體珠寶零售商 CaratLane，也推出了多款試戴應用程式，包括戒指、耳環和項鍊都有。

Tenth Street Hats

不喜歡戴帽子嗎？也許讓你在家試戴帽子的 AR 解決方案，可以讓你變成忠實的帽迷。這就是家族零售商 Tenth Street Hats（第十街帽子）的 AR 體驗所帶來的樂趣。該公司成立於 1921 年，以其位於加州奧克蘭市最早的倉庫地點命名，他們與 AR 解決方案專家 Vertebrae，合作建立了一個試戴平台，用戶可以在該平台上試戴各種帽子，不僅可以從任何角度觀看喜歡的帽子，還可以拍下照片。

為了衡量此項 AR 方案成功與否，Tenth Street Hats 監控了將客戶導流至 AR 體驗的頁面，是否比常規產品頁面帶來了更高的導購轉換。結果轉換率竟然增加了 33%，參與度也提高了 74%，證明這項 AR 方案不僅為客戶提供有趣的體驗，還對客戶的參與度和銷售方面，產生明顯的影響。

莎莉韓森

由莎莉韓森（Sally Hansen）在 1946 年創立的同名美國美容品牌，已經成為美甲界家喻戶曉的頂尖品牌。他們在 2020 年推出一款支援 AR 的 Snapchat 新濾鏡，讓客戶可以虛擬試用指甲油的顏色。更重要的是這款濾鏡適用於各種不同的指甲形狀和膚色，並確保虛擬的顏色能夠完美符合你在現實生活裡看到的指甲顏色。這個 Snapchat 功能的聰明之處，就在當客戶找到他們喜歡的顏色時，只要點擊 Snapchat 裡的按鈕，便可直接進入該顏色的購買頁面，讓客戶的選購過程比以往任何時候都來得更容易（甚至可以拍下照片，假裝自己已經做好美甲了）。

絲芙蘭

法國跨國美容零售商絲芙蘭（Sephora）在全球擁有 2,000 多家門市，專門銷售各種高級個人護膚與美容產品。該公司也已經將 AR 作為成功轉型數位化的一部分。這種轉型也讓絲芙蘭躍居全球第一大專業美容零售商。該公司的數位項目之一是「絲芙蘭虛擬藝術家」（Sephora VirtualARtist），這是一款讓用戶虛擬試用幾千種口紅和其他彩妝產品的應用程式。裡面還內建了一個 Color Match（顏色搭配）的 AI 功能，可以協助客戶找到適合自己膚色的理想色調。該公司與 AR 美容專家 ModiFace 合作開發了這項技術，並使用臉部追蹤技術以即時準確測量和追蹤臉部特徵，建立逼真的視覺化影像。

萊雅

110 多年來，萊雅（L'Oréal）一直是個人護膚、護髮和化妝品領域的領導品牌之一。該公司的 Style My Hair（幫我染髮）應用程式是與旗下的 ModiFace 合作建立，客戶只需按一下按鈕，便可立即嘗試新的髮色。該技術以數位方式對頭髮仔細染色，以創造出立體逼真的外觀。如果你不喜歡新染的頭髮顏色，只要取消就可以了。除了可以在家裡使用該應用程式之外，還可以用在沙龍諮詢，協助造型師可以用更有效、更實際的視覺方式，向客戶展示預期的效果。這項應用展示了如何使用 AR 增加客戶參與度，並協助產品的購買流程，同時也能改善實體業務流程，以及與客戶之間的互動。對於萊雅公司來說，效果顯而易見。根據該公司的調查報告顯示，使用 AR 展示產品的轉換率提高了三倍。

為何不在購買前「訂製」呢？

「先試後買」的下一步便是在購買之前，預先虛擬訂製和配置產品，這種做法可以為客戶提供獨特的機會，嘗試不同選項並找到適合自己的搭配。

從理論上來看，這種訂製的做法幾乎可以應用在任何類型的購物過程，還能讓個性化、3D 列印和隨選製造等方面，都變得更容易也更負擔得起。換句話說，我們可以訂製一雙完美的運動鞋，查看其虛擬外觀，確定尺寸的大小，然後根據你選定的這些規格，精確訂製這雙運動鞋。雖然這只是概念，不過目前已有許多支持 XR 訂製的實際範例，主要來自汽車和房地產領域，我們現在就來看看這些實例。

保時捷

德國汽車製造商保時捷（Porsche）專門生產高性能跑車、休旅車和轎車。2019 年，該公司推出了一款全新的 3D AR 應用程式，讓保時捷車迷可以數位化訂製和打造完美的保時捷。這款應用程式名為 AR Visualizer（AR 視覺化），可以在你眼前產生逼真的汽車 3D 圖像。只要使用原來的保時捷汽車選配功能，便能選擇完美的車色、鋁合金鋼圈等訂製車身外觀，然後將這部夢幻的汽車 3D 圖像，投射在你的車道、車庫，甚至客廳裡。它還有一個「亮點」功能，可以將你選擇的車型呈現類似 X 光透視的圖像，展示車內隱藏的技術細節。我們很容易就能看出這類工具如何提高客戶的參與度，因為它不僅讓你可以使用不同的選配訂製，還可以讓你了解車子在現實生活中的外觀樣貌。

BMW

BMW（寶馬）一共在 15 個國家擁有超過 125,000 名員工和 31 個生產基地，是世界上最成功的高級汽車和摩托車製造商之一。2017 年，該公司推出了一款名為 iVisualizer 的 AR 工具。BMW 的 iVisualizer 跟保時捷的 AR Visualizer 一樣，都可以讓客戶在自己家的車庫或任何地方，查看、訂製和呈現全尺寸的 BMW 車型。由於豪華汽車製造商都在投資此類技術，因此我們可以合理的預期這類「虛擬訂製」工具，很快就會普遍應用在汽車行業的各個領域中。

Urbanist Architecture

倫敦建築公司 Urbanist Architecture（都市主義建築）專門從事住宅翻新、擴建和新建住宅。當然，這些大型翻新或擴建項目絕非易事（包括費用、破壞和混亂等）。如果我們可以準確規劃、查看並訂製你的新家內部狀況的話，這樣在推倒一面牆之前，可能產生的破壞和混亂的冒險，就會變得比較輕鬆。這也就是 Urbanist Architecture 使用 VR 協助客戶在設計建造之前，預先體驗設計的理由。

該公司使用「4D VR 技術」，為新的設計建立逼真的數位呈現，內容包括空間規劃、材料、所有內部和外部固定裝置和配件、家具等。換言之，客戶可以在他們的新建、擴建或翻新房屋實際完工之前，四處走動。這種做法可以讓客戶在設計階段，更了解完工後的樣子；他們可以在項目開始之前，仔細檢查所有細節部分，並根據自己的喜好改變空間。Urbanist Architecture 是倫敦第一家使用這項技術的建築公司，我也敢肯定他們不會是最後一家。我們可以看到這種 VR 工具，如何協助建設項目更順利的進行，因為能夠在早期階段就溝通好重要的設計決定，當然容易得多（至少在理論上會是如此）。

為客戶創造全新的數位化產品

站在科技最前線的 XR 技術，還能帶來獨特的機會，為客戶創造出全新的「數位產品」，用來強化他們的虛擬生活。隨著消費者（尤其是年輕消費者）在數位空間中花上越來越多的時間，我預測這點在未來將會成為最具成長性的領域，但我所說的「數位產品」是什麼意思呢？假如你經常跟朋友在社交軟體的 VR 空間中閒逛（詳見第 4 章提到的 Facebook Horizon），不久的將來，你很可能就會購買一些喜歡的藝術品和室內設計作品的數位拷貝，來布置你的虛擬聚會場所（例如你虛擬的家）。這件事聽起來很牽強？我並不這麼認為。因為當你考慮到人們已經會把錢花在現實生活中無法穿的數位衣服上時（例如遊戲中的配件），可能性就相當高了。世界上第一件由 The Fabricant 數位時尚公司創作的「數位時裝」，在 2019 年以 9,500 美元的價格售出[註]，而且許多遊戲玩家也經常為他們的遊戲角色，花大錢購買許多虛擬服裝、配件。

《要塞英雄》造型

《要塞英雄》（Fortnite）是一款多人線上遊戲，自 2017 年發布以來，一直在遊戲世界居於領先地位。每天有幾百萬玩家在各種不同的平台上，玩

註 THE FABRICANT 設計的第一件數位服裝，以 9,500 美元賣給了一家區塊鏈公司的 CEO，這位 CEO 將衣服送給妻子，穿在妻子的數位分身上。

著這款大逃殺風格的遊戲。遊戲雖然免費，但《要塞英雄》官方透過遊戲的「微交易」機制賺錢，例如讓玩家可以用現實生活中的錢，為自己在遊戲中的角色購買特殊服裝、虛擬寶物等喜歡的外觀造型。

這些外觀被稱為「skin」（造型、或稱皮膚）的虛擬服裝，並不會為你帶來遊戲上的優勢，那玩家為何購買呢？事實上，很多遊戲玩家都會尋求讓自己的遊戲體驗，更加的「個性化」，可以在一般角色的造型中脫穎而出，讓自己覺得比其他玩家更酷（跟一般時尚的情況一樣，這些造型有時流行有時退流行，對年輕玩家的調查顯示，他們覺得如果沒跟上最新流行的造型，就會感到可恥）。也就是說，儘管大多數 skin 需要花 20 美元左右來買，但玩家依舊傾向於購買最新的 skin 以跟上最新的流行。例如在 2020 年發布，以職業玩家泰勒「忍者」布萊文斯的造型帶動的 Ninja（忍者）風潮。重點是有 70% 的《要塞英雄》玩家在遊戲內購買了 skin，而且平均每人花費 85 美元，全球玩家數量為 2.5 億，各位可以自己算算看。

因此期待數位服裝的概念能夠擴展到遊戲之外，並非毫無道理。我們可以在虛擬世界裡，穿上最喜歡的設計師服裝或運動鞋，就像在現實世界中一樣。XR 技術讓這點非常容易實現。事實上，已經有時尚品牌專注於虛擬服裝了。

快樂 99

快時尚行業經常被批評危害環境、僱用低薪工人和浪費等。由 Nathalie Nguyen 和 Dominic Lopez 建立的時尚品牌 Happy99，則把公司定位為快時尚和過度消費的「對立面」，因為他們想創造現實生活中不存在的純數位鞋。Happy99 的主要風格是混合了賽博龐克、霓虹夜店裝和未來派的太空鞋。這雙鞋又大雙又大膽，看起來很瘋狂，也有點像卡通鞋。你可以購買這雙鞋以獲得「一次性」的數位擴增照片，在社交媒體上跟追蹤你的人分享。其實這件事也相當合理的，因為有許多人已經在使用 Instagram 和 Snapchat AR 濾鏡來強化自己的外表，那我們為何不能穿上數位服裝呢？

Carlings

以牛仔褲聞名的挪威零售商 Carlings（卡林斯），於 2018 年發布了旗下的第一個「數位服裝」系列，目的在為 WaterAid（水救援）國際組織籌募資金。該系列共有 19 件中性單品，每件售價在 10 至 30 美元之間，顧客只需將他們的照片寄過來，即可「穿上」這件數位服裝。

後來 Carlings 又發布了一款 AR T 恤，這是一件可以透過 AR 強化的實體 T 恤。這件 T 恤在現實生活中看起來是件白色 T 恤，但以智慧型手機觀看時，衣服上會秀出動態的設計。在我撰寫本文時，大約有 20 種不同的數位設計可供選擇，每一種設計都帶有即時的政治或社會性議題訊息。

很明顯的，人類未來的服裝應該不可能完全數位化（不過，裸體人群四處走動，再透過智慧型手機螢幕看著彼此穿上「AR 服裝」的畫面應該會很有趣）。但數位服裝等於為品牌與客戶提供了一種新的互動方式。尤其對 Z 世代[註]的消費者來說，他們從小就會花錢購買前面說過《要塞英雄》的 skin 之類的數位商品，因此購買數位服裝來吸引 Instagram 追蹤者的想法，絕非牽強附會。即使在時尚界和 Z 世代的領域之外，使用數位產品訂製虛擬空間的潛力，同樣會吸引很多人。例如用 AR 將詹姆士大帝掛在你身後牆上來進行 Zoom 會議如何？或者讓頭髮以數位化造型來拍攝重要

註 歐美所謂的 Z 世代，是指大約 1990 至 2010 年代出生的人。

時刻的照片呢？「未來，一切皆有可能」——所有公司最好都能記住這一點，仔細考慮他們的客戶對純數位產品的興趣。

我們可以從零售業學到的一課

我希望上面所舉的這些例子，能夠激發零售商和品牌，將 XR 技術視為提高品牌知名度、加深客戶參與度和改善客戶體驗的一種方式。但是你應該從哪裡開始，又應該避免什麼呢？

基於上述這些例子，我們可以學到一些關於使用 XR 的明確技巧：

- 首先，透過 XR 提高「參與度」，是指以某種方式強化客戶體驗，而非只是為了炫耀華麗的 AR 或 VR 體驗。以 Aldwych One VR 雞尾酒為例，售價為 18 英鎊（約 23 美元），並不能算便宜的飲料，但由於 VR 的加入，創造了令人難忘的體驗。至少可以讓顧客有個很酷的故事，可以與朋友分享（但我敢肯定這項體驗，可以激發對威士忌更深的熱愛，以及對製作優質威士忌的過程有更多的了解）。

- 其次，技術也需要「精準度」。如果產品尺寸無法準確，讓用戶在家中試用產品（或在手腕上試戴手錶）的 AR 工具便毫無意義。如果不能準確完成工作，就完全無法讓客戶的生活（以及他們的購買決定）變得更容易，因而違背了加入這項技術的主要用意。

- 最後，正如本章舉出的大量範例所示，AR 適用於各種形式和規模的企業。我們已經有一系列現成工具和許可範圍，可以用來開發 AR 應用程式和體驗。這些工具包括 Google 的 ARCore、Apple 的 ARKit

和 Facebook 的 Spark AR Studio 等。但有趣的是，許多品牌會透過與 XR 專家合作，建立他們的 AR 應用程式或體驗。如果你公司內部或應用程式沒有 XR 技術，這也是一種很好的選擇。因此請根據公司內部的技術能力，選擇合適的合作夥伴，以便將你的創意知識與他們的專業技術相互結合。

本章總結

我們在本章學習到以下重點：

- XR 技術（尤其是 AR）將會在未來的零售和客戶參與方面，發揮關鍵作用。
- XR 目前正被各式零售商用來為客戶提供更有趣和身歷其境的體驗；讓客戶更詳細查看和體驗產品；甚至在購買之前進行虛擬試用。這些都有助於吸引人們並改善客戶購物流程，提高轉換率並減少退貨。
- 在更創新的零售領域上，XR 技術還為「訂製」產品提供新的機會，甚至創造了全新數位化產品。

本章所討論的是關於零售商與消費者建立聯繫的範例，但 XR 也可以用來改進「內部」業務流程，尤其是在職能培訓方面。在下一章中，我們將探討 XR 如何改變在職培訓，以及如何改變教學方式。

參考來源

1. 購物的未來：聯結、虛擬和擴增；麥肯錫潛望鏡；https://www.periscope-solutions.com/download.aspx?fileID=3600

2. 新研究探討了擴增實境對零售業的影響；美國商業資訊；https://www.businesswire.com/news/home/20161018005039/en/New-Study-Explores-Impact-Augmented-Reality-Retail

3. 為什麼零售商應該在 COVID-19 之後擁抱擴增實境；零售客戶體驗；https://www.retailcustom-erexperience.com/articles/why-retailers-should-embrace-augmented-reality-in-the-wake-of-covid-19/

4. Nike 的新應用程式用 AR 測量你的腳，向你推銷合腳的運動鞋；The verge；https://www.theverge.com/2019/5/9/18538101/nike-fit-new-app-ar-measure-feet-shoe-size-online-order-augmented-reality

5. Tenth Street Hats 可看可購買的 AR 試穿參與度提高了 74.3%；Mobile Marketer；https://www.mobilemarketer.com/news/tenth-street-hats-sees-743-engagement-jump-with-shoppable-ar-try-ons/541947/

6. 當萊雅使用 AR 技術展示產品時，轉換率增加了兩倍；The Drum；https://www.thedrum.com/news/2019/07/02/conversion-rates-triple-when-l-or-al-uses-ar-tech-showcase-products

7. 世界上第一件純數位區塊鏈服裝售價 9,500 美元；富比士；https://www.forbes.com/sites/brookerobertsislam/2019/05/14/worlds-first-digital-only-blockchain-clothing-sells-for-9500/

8. 根據一份關於遊戲習慣的負面報告，玩《要塞英雄》的孩子們說，如果他們買不起付費 skin，就會受到霸凌和羞辱；商業內幕；https://www.businessinsider.com/kids-feel-poor-if-they-dont-buy-custom-fortnite-skins-2019-10

9. 《要塞英雄》使用和收入統計（2020 年）；Business of Apps；https://www.businessofapps.com/data/fortnite-statistics/

6

培訓和教育

這對我來說是相當有趣的章節，因為教育界已經有許多神奇且極具啟發的XR範例。但你可能想知道，為什麼要在一本商業書籍談到教育呢？原因在於「EdTech」（教育科技）技術正在迅速成長，據報導其年成長率約為17.9%，預計2027年將達到6,800億美元的規模。這些吸引人投入學習的機會，適用於個人學習和終身學習，以及一般學校和大學環境中的正規教育。目前許多行業也將職業和工作場所的培訓，往這種更能身歷其境的方向邁進，因此，即使你的公司並不想建立XR擴增型的教育體驗，也應仔細閱讀本章內容，絕對有助於塑造貴公司的內部培訓和發展流程。

我相信教育（任何程度的教育都算）是成功的關鍵，它為我們的孩子提供了堅實的學術基礎，協助他們在未來的生活裡茁壯成長。教育為所有人提供了在個人和專業意義上，不斷發展和進步的機會。然而學習的過程並非一直很容易（教學的部分當然也不容易），任何可以讓學習（各種階段的學習都算）更具吸引力和趣味性的事情，或者任何讓吸收和記憶資訊變得更容易的事，都對整個社會有益。在這個科技驅動的時代，我們有一個奇妙的機會，可以更方便的轉移知識和改變教育界。也就是對說，本章提到的內容，將是一場「教育革命」的起點。

我太太是一位老師，所以我當然無意貶低目前的教育方針。但平心而論，大部分的教學過程都是基於向學生「展示」事實，因此成績優異的學生，往往是那些對於記憶和回想事實拿手的人。如果是難以一次處理大量訊息的學生，可能很快就會感到厭煩並脫離學習過程，甚至可能因此影響到周圍其他同學的學習。而且有些人是「視覺學習」者，他們「看到」過程的能力，要比「閱讀」事實的能力來得更強，「視覺」可以對他們產生更深刻的影響。

XR 技術可以透過建立身歷其境的互動，協助克服這些學習困難。學生除了想像概念以外，還可以親身體驗不同的時間和地點。這種沉浸感可以透過將學生「帶離教室學習」的虛擬實境體驗來實現；也可透過擴增實境和混合實境技術，將圖像、文字、動畫和說明，疊加在真實世界中，讓抽象的概念在學習環境中變成擬真的情境。學生可以「體驗」一個故事，甚至以令人興奮的新方式與之互動，而非只是簡單的「閱讀」這個故事。學生也可以透過這種在其他世界的「真實體驗」來學習，激發與所學內容的重要「情感聯繫」，使教室傳遞的訊息更加深化。事實證明以這種「體驗」的方式來學習，可以提高學習品質並讓「知識留存率」（knowledge retention rate[註]）提升到 75 ～ 90%。

XR 技術還可以為學生提供更廣泛的教育體驗，例如直接把學生帶到不同的地方和文化環境中，而不必進行昂貴且舟車勞頓的實地考察。此外，XR 技術也能讓學生對課業上的各種任務和評量進行真實的模擬，也就是直接在實踐中學習。這種做法不僅適合正規的教育環境，在企業和職業培訓中尤其具有價值，尤其是在一些高風險的工作中，本章稍後的一些範例將會證明這點。

隨著時間的進化，我相信教師或培訓師的角色，即將從提供訊息或內容的人，演變成為透過一系列數位科技呈現內容的人。因此，教師和培訓師將能創造一種全新的學習環境，讓學生以一種更有趣、更吸引人的方式，真正探索學習主題。這是一種更容易獲得、處理和記憶訊息的方式，而非傳統的展示事實而已。

註 一般指公司組織員工離職後，工作相關知識的流失或留存程度，此處亦可用來指學習後的知識記憶程度。

正如本章範例所將展示的，這項願景已經逐漸具體化。現在就讓我們深入研究一些當前真實世界的教育中，所出現的 VR 和 AR 範例。

XR 在個人學習發展方面

我們將從一些簡單的例子開始，向各位展示 VR 和 AR 技術，如何改善日常生活中的學習和教育方式。

普瑞納

普瑞納（Purina）是雀巢在美國的子公司，專門生產寵物食品、零食和其他寵物護理產品。該公司的使命是改善寵物及飼主的生活。為了完成這項任務，普瑞納開發了一個名為「Purina ONE® 28 天挑戰」的 AR 網路體驗，用來協助飼主了解健康寵物的表現情形。首先，透過 AR 技術的魔力，虛擬寵物在你的房間裡栩栩如生的出現。然後，隨著這隻寵物四處跳動，你可以跟著學習如何了解健康寵物的各種跡象，以及如何餵養你的寵物伴侶，並利用普瑞納在 28 天內增進寵物的身體健康。這是由普瑞納與 XR 應用專家 Zappar，共同合作創造的體驗。

這是本書中比較鮮為人知的 AR 範例之一。對我而言，它清楚展示了品牌如何藉由 AR 技術，以更具互動性、吸引力的工具，教育客戶了解自己的寵物。

VirtualSpeech

就算從未聽說過「語言恐懼症」（glossophobia），你可能也認識許多出現這種現象的人，簡單說就是對於「公開演說」的恐懼。有多達 77% 的人會因為公開演說而感到焦慮，症狀可能包括出汗、口乾舌燥、心跳加快和噁心想吐等。

屢屢獲獎的 VR 供應商 VirtualSpeech（虛擬演說）成立於 2016 年。他們建立了一種 VR 工具，專門用來協助人們以更身歷其境、更逼真的方式「練習」公開演說。無論你想在大量觀眾面前順利演說，或是希望加強人際溝通，或者只是為一小群觀眾提供更流暢的推銷和展示，VirtualSpeech 的 VR 電子學習課程，都可以為你提供協助。戴上 VR 頭戴式裝置後，你會發現自己站在模擬觀眾面前（有多種觀眾規模可供選擇），然後你就可以面對這群觀眾，練習自己的演講或展示（若有必要，還可播放你所使用的幻燈片），並獲得有關這場演說的即時回饋，讓你隨著練習時間增加而改進自己的演說能力。不論個人或公司，都可以使用這項工具來培訓他們的團隊，甚至還有一個「Live VR」選項，可以在虛擬環境中出現培訓師的協助。VirtualSpeech 表示，已經有 130 個國家的 300,000 多人使用過這項 VR 學習解決方案，證明人們對 VR 強化培訓的需求日益成長，甚至可能擴及各種「軟實力」（soft skills[註]）的訓練。

註 與人格特質有關的技巧，例如耐心、團隊合作能力、溝通說服能力、問題解決能力、適應力、創造力、情商指數等。

維吉尼亞大學

在傳統上，老師必須是非常自信的公開演說者，除了管理學生（也就是聽眾），還要以引人入勝的方式傳遞訊息，這就是成為一名好老師的重要條件。然而很諷刺的是，這種條件也是最難學習的事情之一。維吉尼亞大學教育與人類發展學院的一個團隊，打算著手改變這件事。

他們建立了一個創新的、基於VR的「教室模擬器」（classroom simulator），協助人們成為勝任的老師。教室裡面有一群像真實學生一樣的化身，實習教師可以藉此測試和提高自己的授課技巧，並學習如何管理課堂上的學生行為，一切都可以在身歷其境的虛擬環境中完成。更重要的是，受訓者可以從指導老師那裡獲得即時回饋，以協助他們改進。如果這種試教是在現實生活中的教室裡，對於課堂表現的回饋報告時，可能要花上幾個小時甚至幾天才能完成評估。所以我很喜歡這種協助教師在安全環境中，為教學職業的「現實挑戰」做好準備的輔助工具。這種作法並非讓教師和學生從XR受益的唯一方式，我們接下來還會看到其他範例。

讓學生的學習更加身歷其境

接著我們要進入教學和教育的新世界，一起來看看XR，尤其是VR技術，如何為學生提供更身歷其境的教育體驗。

Labster

目前已經有大量支援 XR 的應用程式在改善科學教育，例如帶你「進入人體」的體驗等（稍後會詳細介紹）。Labster 就是這樣的一個 VR 教育平台，致力於讓學生透過超逼真的模擬實驗室設備進行實驗，以加強科學教育。如此一來，學生就能在無風險的情況下進行實驗。撰寫本文時，丹麥的幾所大學已經正式採用這項技術。

有一項關於「虛擬學習」（virtual learning）的研究證明，使用 VR 頭戴式裝置練習的學生，其學習成果優於只透過電腦學習的學生。在這項實驗裡的兩組學生，一組配戴了 VR 頭戴式裝置，另一組則配發了電腦，他們在各自的設備上觀看並學習一項科學實驗的完整過程。隨後他們被要求在真實的實驗室裡，進行剛剛學習的實驗，結果使用 VR 模擬的學生，表現明顯優於另一組。另一項針對高中課堂的類似研究還發現，虛擬模擬明顯強化了學生的科學知識。這也證明 VR 模擬在科學教育中，具有難以估計的優良價值。

群島高中與 MEL 化學 VR 課程

化學對許多人來說相當困難，英國有一家公司努力讓化學課程變得有趣。MEL（鍆龍）化學 VR 課程包括一系列 30 多堂 VR 課程和測試，並與學校化學課程進度一致；其每節課時間不超過 7 分鐘，代表它們可以很容易地融入常規課堂的課程流程中。在每節 VR 課程裡，學生都會戴上 VR 頭戴顯示器，以一種更容易理解的互動方式，學習這些化學概念，例如原子的粒子如何在不同狀態下以不同的速度反彈等。

當克莉絲塔．史蒂爾（Cristal Steele）在喬治亞州群島高中（Islands High School, Georgia）擔任科學老師時，她在課堂上使用了 MEL 化學 VR 課程，而且發現對於提高學生注意力和理解力很有幫助。根據史蒂爾的說法，在這個科技推動的世界裡，我們應該讓學生有機會接觸這種最新的教育資源，協助他們親身體驗正在學習的東西。正如一位學生所告訴她的，他覺得自己是教學過程裡的「一部分」，因此可以牢牢記住這些訊息，而不只是在課堂上抄重點而已。由於史蒂爾研究發現一些 VR 程式的問題，因此她正在目前任教的海灘高中（Beach High School），建立一個專門的 VR 和 AR 課程實驗室。我認為 VR 可以協助學生吸收和記住他們正在學習的內容，這種事實是教育上非常重要的收穫。而且從理論上看，當然也能適用於生活裡各個階段的各種學習。

洛杉磯西海岸大學

XR 不僅可以用來加強年幼學生和中學生的教育。2018 年，洛杉磯西海岸大學（WCU-LA）也開始研究使用 AR 和 MR 技術，改善大學程度的學生學習。他們與微軟合作，使用微軟的 HoloLens 技術，創造出一種全新的個性化學習體驗。這項技術專為上解剖學的學生設計，允許學生分離、放大、解剖器官，甚至可以在人體裡行走。舉例來說，學生可以穿透眼球查看其組成部分，或觀看心臟病發作期間心臟所發生的情況，因為學生很難從解剖學教科書理，體會實際發生的情況。最後的成效驚人，幾乎所有使用 HoloLens 的學生，考試成績都提高了 10%，亦即幾乎都提高了一個字母級的成績（例如成績從 B 到 A），這種成果確實讓人印象深刻。

1943：柏林閃電戰

VR 還能為我們提供「將歷史變為現實」的全新體驗方式。這個 VR 體驗的內容是將學生帶到第二次世界大戰的重大事件裡。由「沉浸 VR 教育」（ImmersiveVREducation）為 BBC 製作的這款《1943：柏林閃電戰，》（1943: Berlin Blitz），重現了 1943 年 9 月 3 日當晚的歷史事件。具體而言，它所描繪的是英國的蘭開斯特轟炸機執行「柏林任務」的真實故事。這場飛行的特別之處在於除了常規的七名機組人員外，飛機還搭載了 BBC 記者溫福德．沃恩—湯馬斯（Wynford Vaughan-Thoma）和他的音響工程師雷格．皮茲利（Reg Pidsley）。在他們成功返航後，對這次任務的目擊描述，在飛機內部完成錄音，並在英國廣播電台播出。VR 體驗結合了真實的檔案紀錄和 VR 模擬，真實重現了此一歷史事件，讓人們有機會透過現場人員，親身體驗轟炸柏林的事件。像這樣的模擬，可以讓那些在事件發生很久之後才出生的人，更容易理解歷史事件，並且可以用獨特的「人性化」方式，讓故事栩栩如生地呈現。

亨伯斯頓克洛弗菲爾德學院

VR 除了可以帶我們到歷史上的重要時刻之外，還可以把學生帶到他們可能從未夢想過的地方。亨伯斯頓克洛弗菲爾德學院（Humberston Cloverfields Academy）是英格蘭格里姆斯比附近的一所小學，它們建造了自己的「VR 教室」，教室的四面牆是由巨大的電視螢幕所組成。這個想法的本意是讓學生可以在舒適的教室裡，參觀非常遙遠的地方，例如南極或非洲的塞倫蓋提國家公園，而且可以及時趕回來吃午餐！

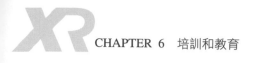

我們可以從這個例子獲得的概念是：VR 很可能徹底改變校外教學和學校遠足的概念。這也讓我有了以下的想法。

改善校外教學

身為父母，我知道學校的任何出遊可能都很昂貴。我也只能想像一次普通的校外教學，學校上下所需付出的辛勤努力。幸好有了 XR 技術，尤其是 VR 方面，可以讓校外教學變得更有趣、更容易籌備也更負擔得起。舉例來說，請想像一下，如果老師能帶學生參觀遠在世界另一端的畫廊，或者到北極看北極熊呢？從理論上來說，任何類型的體驗都可以透過 VR 來實現，這些令人興奮的校外教學可以向更多學生開放，而非只是來自富裕家庭的學生才有機會成行。

Google 實境教學

我已經在本書中提到了一些 Google 的範例，因此各位對於 Google 透過 Google 實境教學（Google Expeditions）應用程式，為學生創造令人驚嘆的實地考察體驗，應該不會太陌生。這款史詩級的應用程式專為教師在課堂使用而設計，向學生展示一種全新的學習方式。裡面有幾百種實境可供選擇：有些使用 VR，有些使用 AR，內容跨越歷史、科學、藝術和自然世界等。在 VR 體驗中，學生可以開始身歷其境的模擬體驗，前往羅浮宮或聖母峰等地。AR 版本則將抽象概念帶入課堂，舉例來說，教師可以將旋轉的龍捲風或蜂箱，投射到教室中，讓學生可以近距離觀察。我很喜歡這種消除校外教學的傳統阻礙，為年輕人打開一個全新學習世界的作法。

SkyView

如果白天的校外教學之旅都很麻煩了，請想像一下在晚上帶學生參加夜間的遠足會有多困難。沒辦法啊，天文愛好者觀星的時間只能選在晚上，是嗎？應用程式開發者 Terminal 11 製作了 SkyView（天景）AR 觀星應用程式，協助入門觀星者辨識和找到天空中的星星，而且就算是在白天也可以使用。學生只需將智慧型手機或平板電腦的相機對準天空，就能看到星座和其他物體的投影。因此，他們可以學習辨識星座、定位月球、並在放大畫面時看到衛星和國際太空站，甚至看到遙遠的星系。該應用程式還有一個「時間旅行」功能，可以讓人們看到過去或未來的天空，這點真的很酷。像這樣的應用程式不僅有助於激發年輕人的靈感，還可以讓學生在世界上的任何地點體驗夜空。也就是說，你不必一定要在晚上帶著大望遠鏡，站在荒涼的無光害山頂上觀星。

VR 美術館

請各位再想像一下，當老師想帶主修藝術的學生參觀世界頂級美術館，看看世界上最著名的繪畫和雕塑呢？首先，這將會是一次非常「昂貴」的旅行，因為必須搭機飛往法國、希臘、英國、美國、梵蒂岡、西班牙等地。然而只要借助 Steam 平台上的 VR 美術博物館，你便可以舒適的待在家中或教室裡，欣賞來自世界各地博物館的所有最佳藝術品。當然前提是你必須擁有相容的 VR 頭戴式裝置。如此一來，你甚至不會隔著防護玻璃，完全可以近距離接觸雕塑和繪畫，而且都是 1:1 的比例，畫面也都渲染的很詳細。甚至還有一個博物館專屬的咖啡廳，讓觀眾可以在那裡虛擬的喘口氣，休息一下。

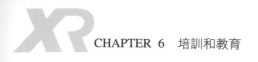

雖然這樣的經歷無法完全複製在現實生活中，看到偉大的藝術品的莊嚴感受，但它確實能避免掉參觀博物館的一些瑣事，包括昂貴的費用、排隊和到處都有的遊客自拍桿！

BBC Civilizations

老牌的 BBC 再次推出其 Civilizations（文明）應用程式，讓用戶可以近距離探索各種珍貴的文物。BBC 在其史詩般的兩部同名電視劇基礎上，與 The Beeb、Nexus Studios 以及英國各地約 30 家博物館和畫廊，合作建立了這個應用程式。透過 AR 的強大功能，並使用簡單的智慧型手機或平板電腦螢幕，你就可以在石棺的展間中看到木乃伊，或來自大英博物館的其他文物。這種方式很棒的原因在於，它讓學生無須跋涉到倫敦和英國其他主要城市，就能體驗這些博物館的珍貴收藏。

HoloMuseumXR

另一款 HoloMuseum 博物館體驗程式，是由 XR 專家 Ximmerse 公司為所有年齡層學習者所創造的 MR 教育體驗。只要戴上輕便的面罩式裝置和手持控制器，便可以將任何房間或教室變成互動式虛擬博物館。這項應用裡有不同的教育體驗可供選擇，例如與巨型霸王龍及幼龍共處一地的教育體驗，而且會向用戶介紹恐龍的飲食、領域和活動時間等。這項體驗在 2020 年消費電子展（CES）上引起轟動，儘管對學生取得體驗的容易度還有待觀察，但測試過這項技術的人，都把此體驗描述為兼具娛樂性、教育性和戲劇性。

Unimersive

Unimersiv 公司是 VR 培訓和教育領域的專家，致力於協助各個年齡層的學生透過 VR 體驗，強化學習能力。他們創造了許多 VR 教育體驗，其中的「人類大腦之旅」（可以直接透過 Unimersiv 應用程式取得），可能是我最喜歡的一項體驗。它可以讓用戶進入大腦，了解人體最複雜的器官到底如何運作。因此我們可以用相當有趣、身歷其境的方式，了解腦幹、神經元、小腦等腦部組成。我覺得這個例子展示了 VR 可以讓我們進行以前「不可能的旅行」，例如深入人體之類的旅行。

賓士汽車博物館

汽車愛好者現在可以虛擬參觀位於德國斯圖加特的賓士汽車博物館（Mercedes-Benz Museum）。這項虛擬體驗可以直接在博物館網站取得，上面有兩個主要展覽可供探索；「Legend」（經典傳奇）探索了汽車的歷史，包括戴姆勒（Gottlieb Daimler）和賓士（Carl Benz）在 1800 年代後期所開發的第一款車型，而「Collection」（車款收藏）則展示了一些最具代表性的賓士車型。用戶可以近距離接觸車輛，包括那些珍貴的老爺車們。

雖然這個例子可能不太會吸引學童的目光，但它確實可以展示 VR 如何協助各個年齡層的人，綻放自己的熱情，到世界各地進行短期壯遊，而不必真的到那些地方旅行。請參閱第 8 章，了解娛樂和體育領域的類似範例。

歐洲核子研究組織的大霹靂 AR 體驗

「歐洲核子研究組織」的縮寫是 CERN，總部位於瑞士日內瓦，這裡有世界上規模最大的粒子物理實驗室。研究中心的科學家們，正在努力試圖揭開宇宙中最微小粒子的祕密，以及研究宇宙的起源。不過歐洲核子研究中心，也很努力的想讓科學更具吸引力和啟發性。這也就是歐洲核子研究中心與 GoogleARts & Culture 合作開發，屢獲殊榮的 Big Bang（大霹靂）AR 應用程式背後的理念。這個具有雄心壯志的應用程式只花了 7 分鐘，就能以 AR 講完宇宙 138 億年的歷史。由奧斯卡女主角獎得主蒂妲．史雲頓（Tilda Swinton）的旁白，引導用戶了解宇宙的演變，從最初的漩渦狀粒子（swirly bits，這是專門術語）到恆星和行星的誕生為止。這個應用再次證明了 XR 技術如何將我們帶到原本無法到達的地點和時間點，讓學習變得更有趣且更容易取得。透過「看到」來了解大霹靂，一定比只在教科書裡讀到，更有吸引力。

邊做邊學：XR 如何改變動手學習體驗

Froggipedia

你在讀高中時曾經解剖過青蛙或其他小動物嗎？我有過，而且我很痛恨這件事（雖然對可憐的青蛙來說應該更糟，但對我們這些孩子來說也有點痛苦）。現在有個應用程式可以解決這個問題， Froggipedia（青蛙百科）是 2018 年 iPad 年度應用獎得主，這是一款 AR 應用，可以讓學生在不傷害任何青蛙的情況下，研究青蛙體內的器官。你可以單獨研究青蛙的器官，或者選取「解剖」的選項，以探索青蛙器官系統內部的複雜結構。此外，這項應用還可讓你體驗青蛙所經歷的那些神奇的轉變，從青蛙卵到蝌蚪，小青蛙再到完全長大的青蛙，最後還附上一個有趣的測驗。這款應用程式支援多種語言，包括日文、俄文和中文。

這個令人讚嘆的應用程式，改進了對許多人來說是並不愉快的學習體驗，而且依然可以對學生傳授青蛙獨特的生物學特性，展示了 XR 技術如何改善學習過程，並且能讓一些可能非常漂亮的噁心東西（這種說法應該有個專有名詞才對），變成有趣的學習體驗。

Mondly

學習一種語言的最佳方式便是「沉浸式」學習，也就是花時間到該國家與當地人相處，讓自己沉浸在想要學習的語言和文化中，然後讓它滲入你內心。我們雖然都知道這一點，但實際上，大多數人都沒有六個月或一年的空閒時間，去沉浸在另一種語言中。大多數人都使用某種 DIY 選項，例如語言書籍、Youtube 影片或是使用語言學習 app 等。雖然這些應用程式在某些部分不錯，但它們都不是身歷其境的應用。

羅馬尼亞教育科技公司 Mondly（蒙德里），其語言學習計畫已經支援了全球各地 33 種語言，並且開始透過 Mondly VR 應用程式，更進一步改變現狀。他們的想法是盡可能的「接近沉浸」，而非讓自己「完全沉浸」在那個國家裡。這些語言學習課程跟你在 Mondly 其他課程或其他的語言學習應用程式的課程類似，但它的優點是讓你「感覺」自己置身於真實情境中，並與當地人進行真正的對話。舉例來說，你可以跟在火車上遇到的「數位女性」對話。這當然不可能是完全的沉浸感，但它確實能讓學習體驗更具吸引力。從理論上來看，幾乎任何一種「邊做邊學」的方式，都可以透過 VR 得到改善。例如學習如何維修自己的汽車，或者修理漏水的水龍頭，甚至連學習幾節初級駕駛課程應該都很適合。

加強職業 / 工作場所培訓和教育

讓我們基於這種「邊做邊學」的概念，來探討一些支援 XR 的職業，或工作場所培訓和教育的例子。我相信在未來，各種工作場所的培訓，都可以透過 XR 方案得到強化，而且在模擬現實生活中「難以模擬」出來的危險情況或場景時，更其有價值。

FLAIM Systems

VR 是否能用來訓練新進消防隊員？這當然就是澳洲 FLAIM Systems（弗萊姆系統）公司開發技術背後的理念。最近這些年的澳洲和美國部分地區一樣，不斷遭受野火的威脅。因此現在澳洲、美國、英國、荷蘭和許多國家的消防部門，正在使用 FLAIM 開發的 VR 技術來訓練消防隊員，讓他們沉浸在過於危險或難以重現的虛擬場景中培訓。這些場景包括野火、房屋火災和飛機火災等。VR 技術可以真實渲染出各種火災、濃煙、水和滅火泡沫，甚至火災現場的熱度等。因為他們可以把消防隊員的特殊防護服加熱到最高約攝氏 100 度（華氏 212 度），還可以依據消防隊員與虛擬火源的接近程度變化溫度，這套系統甚至還可以複製消防隊員從水管上感受到的強大水柱力量。由於這整套技術效果優異，因此澳洲科技業在 2019 年，將 FLAIM Systems 評選為年度最佳新創公司。FLAIM 的技術除了讓培訓過程更安全、更身歷其境之外，也減少了過去培訓消防隊員時，對於環境造成的影響，因為這種體驗並未用到實際的煙霧或水。

這當然是一個比較令人感到驚奇的特例，把 VR 用來改進培訓消防隊員的過程，並且在各種場景中擬真的訓練這些消防隊員，因為他們可能無法在傳統培訓計畫中，實地體驗到這些特殊場景。

艾克塞特大學與 Cineon 培訓

談到高風險工作時，一定也要把核子工程算在裡面。這種領域所進行的培訓計畫，可能會非常困難與昂貴；而且在真實世界中這種有限的培訓場合裡，還得小心不能引發可怕的核災。所以英國艾克塞特大學的研究人員，決定與沉浸式學習專家 Cineon Training 培訓公司，合作建立 VR 培訓計畫，該計畫很快就會用來培訓核子工程師。讓這些新進工程師不僅可以在各種可能環境中進行培訓，也代表這些工程師甚至可以在核電廠完成之前，就能接受相關的培訓。

英國石油公司

英國跨國石油和天然氣公司 BP，是世界前幾大能源供應商之一。它也是一家擅於採用最新科技（包括大數據和人工智慧）來改善營運的公司。

由於擁有許多經常在危險環境中工作的員工，因此 BP 之所以投資於 VR 培訓，也就很合理了。BP 為了在位於英國赫爾的煉油廠，對員工進行啟動和緊急退出程序的培訓，因而與 Igloo Vision 公司合作（該公司以建立沉浸式「共享」VR 空間而聞名）。當你在煉油廠工作時，任何錯誤都可能致命，虛擬培訓可以讓員工安全的從錯誤中汲取教訓。這項培訓的方式相當有趣；Igloo Vision 並沒有讓每個學員戴上自己的 VR 頭盔，而是直接在赫爾煉油廠建造了一座六米高的「冰屋[註]」。在這間冰屋裡，員工可以在安全的虛擬環境中，體驗極為詳細的工廠複製品，並練習與安全相關的重要任務。這點相當聰明，因為它可以提供評估「整個輪班團隊」的機會，而不是讓每個人只沉浸在自己的模擬中。這種做法可以讓我們基於「團隊」的培訓練習和表現評估，展望未來的發展。

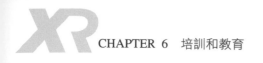

紐澤西警察

紐澤西州卡姆登郡警察局的警員們，正在使用 VR 模擬器訓練可能遇到的 230 多個真實世界場景，範圍涵蓋從例行交通攔截或家庭暴力，到大規模槍擊事件的所有內容。在這種 360 度的全方位模擬中，警員必須學習如何盡量降低危險以及何時可以使用武力制服對方。這項技術是由 VirTra 公司所提供，他們專門提供武力判斷使用的模擬培訓，而且已經被許多軍事和執法機構用來培訓。有關警員執法和軍方領域的更多範例，請參閱第 12 章。

STRIVR

從 VR 培訓獲益的不僅是高風險工作，運動員也開始大量採用這項技術。因為無論在足球場、網球場或任何地方，所有運動訓練方案，幾乎都依賴於重複不斷的訓練。但是這些重複訓練的過程可能經常遇到阻礙，例如天氣不好，或者正在移動比賽期間，甚至受傷的情況下，都可能暫時停止訓練。沉浸式學習專家 STRIVR 與史丹佛大學美式足球隊，合作開發了體育沉浸式學習技術來改變這一切。這種技術可以應用在許多運動上，例如就

註　類似極地冰屋的造型，由小隧道進入圓頂的室內空間。

美式足球而言，它可以讓運動員從自己的家（或他們所在的任何地方），就像被傳送到球場練習一樣。只要使用虛擬模擬，玩家便可學習和鍛鍊自訂的練習（還可以輸入幾百種不同的變化）。STRIVR 表示，他們的技術現在已經被許多 NFL 和大學美式足球隊用來加速球員的訓練。在第 8 章會有更多體育和娛樂的應用範例。

LAP Mentor 和沉浸式醫療培訓

VR 和 AR 在醫學培訓中也有很多應用，尤其在外科手術方面。因為這些應用可以減少一般醫生在現實生活中的病患身上進行練習的需求（以及帶來的所有風險），而且依然能為實習外科醫生提供相對逼真的手術室病患和手術模擬等，例如可以提高腹腔鏡手術技能的 LAP Mentor（腹腔鏡導師）。受訓醫生戴上 VR 頭戴顯示器，進入虛擬手術室中，模擬手術室裡包括了所有設備甚至背景噪音。學員可以使用手上的控制器（VR 手把），學習基本的腹腔鏡技能，完成一場腹腔鏡手術。甚至還包括內建的評估功能，可以為用戶提供手術成績的即時回饋。

只要配合人工指導的監督和機器給予的回饋，很容易就能看出此類工具將有效協助學習技能，同時也能協助建立參與者的信心。

洛杉磯兒童醫院

另外一個類似的例子，是由洛杉磯兒童醫院（CHLA）與 AI 和 VR 專家 AiSolve、Oculus 和 Bioflight VR 共同合作，為兒童外科醫生建立了一個虛擬培訓的解決方案。根據報導，這項模擬的細節非常完整，包括現實生活裡醫院護士的模擬版本，以確保受訓者在虛擬手術室的體驗與真實手術室的體驗能夠接近。我很喜歡這種以數位方式重新建立「真實人員環境」的想法，可以讓模擬更加沉浸且逼真。

身體 VR：細胞內部之旅

最後要講的是醫學生 VR 體驗的另一個例子，可以讓你進行一次人體旅行，甚至是在血液中穿行。這款獲獎無數的教育應用程式，可以讓你深入探索人體內的幾十億活細胞，了解紅血球如何在體內傳輸氧氣，還有身體如何對致命病毒做出反應。這些體驗均以令人印象深刻、引人入勝的方式進行。雖然這是為醫療培訓所設計，目的是在改善醫療成果，但我已經可以看到它的潛力，尤其對那些希望了解身體如何運作的人來說，會是多麼令人著迷的一種體驗。

我們可以從培訓和教育中學到的東西

在探索了以上這些例子之後，我們可以明顯看出「教育」相關的 XR 體驗，可以帶來巨大的商機。不論從小學到大學，終身學習和企業培訓等，XR 都可以讓教育和培訓的過程，在這個以科技驅動的世界中，更加具有效率和關聯性。這點對不同的公司或組織而言，意味著不同的方向。你的公司可能對建立和行銷自己教育產品的「機會」感到興奮，或者你可能覺得現在應該是「徹底改革」內部培訓，變得更加身歷其境的時刻了。無論哪種方式，本章的範例都強調了構成強大的 VR 或 AR 學習體驗，五個常見的重要因素：

- **必須易於使用。**無論哪個年齡層的用戶，都必須能夠以直覺的方式學習掌握這項技術。我們的目標是「簡化」學習過程，而不是讓過程變得更難或更長。

- **必須盡可能身歷其境。**我認為本章中最具效用的例子，是那些真正將主題帶入現實生活的案例。在理想的情況下，你所提供的 XR 體驗，應該給用戶一種身歷其境的感受。

- **必須提供某種程度的進展。**不論是監督學生進步情形的教師，或是評估學員能力如何的企業培訓師，都必須想辦法衡量這種體驗的影響。例如對你的用戶而言，完成什麼樣的情況代表成功？你應當如何監控和追蹤學習成果？

- **講一個好故事。**除了讓用戶身歷其境外，最好的學習體驗還是要透過「故事的元素」來吸引用戶。

- **配合用戶的能力。**較高級的 XR 教育體驗還會追蹤用戶的學習方式，然後根據用戶的能力來製訂內容。舉例來說，當用戶遇到困難時，可以配合放慢速度並讓他們看到更多可能的方向。

我始終認為這樣的體驗應該盡量普及，讓更多人可以使用。正如我在第 3 章所說，XR 技術的危險在於它可能會「擴大」社會貧富差距所帶來的階級鴻溝，我們更不希望在教育領域（包括生命各個階段的教育）發生這種事。因此，如果你的公司機構正在建立 XR 教育體驗，我希望你可以將「負擔得起」和「方便造訪」兩個因素考慮進去，並且請將體驗建立在人們已經擁有，或可以負擔得起的「設備」上運行體驗（例如平板電腦、手機和低成本的 VR 硬體，如只需 10 美元即可得到的 Google Cardboard），因為使用昂貴的硬體，會對一般人造成進入體驗的障礙。

本章總結

我們在本章學習到以下重點：

- 教育科技業發展迅速，代表目前有相當可觀的商機，可以為生活各個階段的學習者提供身歷其境、引人入勝的教育體驗，範圍從學齡兒童到大學生再到終身學習者都適用。
- VR 可以用於正規教育環境，以提供更身歷其境的學習體驗，例如提供更好玩（更輕鬆、更便宜）的學校教學旅行，並且可以加強「邊做邊學」的練習。
- AR 協助學生將概念變為現實，讓他們能夠以全新的方式將概念視覺化，並與學習內容進行互動。
- 實驗證明，透過沉浸式工具學習的學生，其表現會優於未使用這種工具的學生。因此，XR 技術可以讓學生更容易理解和記憶知識，而且學生在這個過程裡還會玩得更開心！
- VR 和 AR 也開始改變企業培訓的可能性，尤其是模擬在真實世界中過於困難、危險或昂貴的培訓場景。

我非常喜歡本章所舉的例子，這些例子加強了包括醫學在內的高風險或困難工作的培訓。在下一章裡，我們將深入探討醫療保健領域，看看 XR 如何被用來改善病患護理方面，並加強醫療保健專業人員的工作。

參考來源

1. 智能教育和學習市場規模、份額和趨勢分析報告；Research and Markets；https://www.researchandmarkets. com/reports/4621713/smart-education-and-learning-market- size-share ? utm_source=dynamic&utm_medium=GNOM&utm_code=gqnhtl&utm_campaign=1397658+-+Global+Smart+Education+and+Learning+Market+（2020+to+2027）+-+by+Age%2c+Component%2c+Learning+Mode%2c+End-user%2c+Region+and+-Segment+Forecasts&utm_exec=jamu273gnomd

2. 主動學習以提高長期知識保留；Academia；https://www.academia.edu/1969321/Active_Learning_to_improve_long_term_knowledge_retention

3. 語言恐懼症或害怕公開演講；Very Well Mind；https://www.verywellmind.com/glossophobia-2671860

4. 沉浸式虛擬實境在教育中的情感價值結構程式建模研究；ResearchGate；https://www. researchgate.net/publication/322887672_A_Structural_Equation_Modeling_Investigation_of_the_Emotional_Value_of_Immersive_Virtual_Reality_in_Education

5. 高中虛擬學習模擬；Frontiers in Psychology；https://www.ncbi.nlm.nih.gov/pmc/articles/PMC5447738/

6. 克莉絲塔·史蒂爾在課堂上使用 MEL ChemistryVR；LendED；https://www.lended.org.uk/case-study/cristal-steele-using-mel-chemistry-vr-in-class/

7. WCU-LA 解剖學學生使用 HoloLens 看到成績以字母級的方式提升；西海岸大學；https://westcoastuniversity.edu/pulse/health-e-news/wcu-partners-with-microsoft-to-integrate-augmented-reality-into-student-learning-experience.html

7 醫療保健

我在上一章談到了透過 XR 技術改變教育的絕佳機會，醫療保健當然也是如此。事實上，正如本章即將談到的實際案例所示，XR 技術（VR 和 AR）具有極大潛力，可以改善醫療保健的各個層面，範圍從自我保健、心理健康到診斷和治療，甚至外科手術等。雖然現在還處於早期階段，然而 XR 在醫療保健領域的採用，可能會比本書描述的其他領域方面進展緩慢一些。因為任何新的醫療保健解決方案，可能都必須以認證方式實施，而且還要獲得官方批准才行。這點會帶來很大的影響，因為新的醫療技術確實需要一些時間。但請相信我，醫學界的變革已經如火如荼的推動中。

舉例來說，AR 可用在將醫療數據視覺化：例如將人體解剖資料（前面提過的靜脈圖），疊加到現實生活中的病患身上，以協助臨床醫生以更快、更準確的方式執行操作。或是在非侵入性手術中的各種圖片、資料，也可以投射到外科醫生佩戴的透明抬頭顯示器上，亦即他們無須將視線從病患身上移開，即可查看螢幕上的病患資料或圖像。這些訊息可以投射在醫療人員的視線中，甚至還可以投射到病患身上。如同我們在本書已經看到的，AR 擅長以更新、更豐富的方式，將訊息帶入現實生活中，所以當然也該應用在醫療保健上。

目前已經有 VR 應用在先讓病患沉浸於輕鬆的模擬環境中，再來說明及展示治療的效果。這種做法對於在治療前（甚至治療期間）讓病患平靜下來，減輕疼痛，並改善治療過程的整體感受方面，具有相當大的幫助。不僅適合醫院或各種臨床環境，也適用於所有年齡層的病患，範圍包括從接種最新疫苗的兒童，到分娩的婦女，再到患有失智症的老年病患均可。

VR 當然也被用來加強醫療培訓（如前一章所述）。如今我們已經有基於 VR 的培訓解決方案，它們比起電視劇《實習醫生格蕾》的教育方式來說，應該更像是電影《捍衛戰士》的教學程度！例如以 Fundamental VR 來看，他們的技術已經被《時代》雜誌評為 2018 年最佳發明之一，甚至獲得英國皇家外科學院的認可。因為這種技術就像外科醫生的飛行模擬器一樣，讓他們能夠在安全、受控制的環境中練習手術技巧。

如果這件事聽起來有點像未來主義或科幻電影的話，事實並非如此。因為本章所說的範例，都是來自目前臨床和研究環境下的真實範例。因此，AR 和 VR 經常被描述為醫療保健領域的「突破性技術」是完全有道理的。

還有一點，我們是否真的需要在醫療保健方面取得突破性技術呢？各位可以看到這個星球上的人口正不斷增加，就平均值來看，人們的壽命也越來越長。世界各地的醫療保健服務，同步面臨了越來越大的壓力，不僅讓醫療服務的等待時間拖長，獲得某些服務（例如心理健康諮詢）的機會也可能受到限制。同時，依據你所處世界位置的不同，醫療費用有可能非常昂貴。VR 和 AR 不僅可以透過「提高治療效果」來改善病患的治療成效，更可提高醫療保健服務的「普及性」，讓醫療保健更加負擔得起。雖然本章所述的一些案例可能涉及非常昂貴的特殊專業技術，但有許多範例使用的是現成技術，例如比較平價的 VR 頭戴式裝置之類。一旦這些技術開始普及後，病患甚至可以在治療期間，待在自己家裡接受治療。

在撰寫本書時 COVID-19 病毒大流行，隨著居隔令和保持社交距離規則的出現，無疑加速了「遠距」治療和監測病患的需求。如果你的年齡和我差不多的話，可能還記得小時候醫生會登門拜訪，這在目前看起來當然非常古怪和過時，因為現在幾乎沒有請醫生出診的服務。而且大多數人應該都很想有機會親自詢問醫生（我當然不是說在病毒流行期間），而在病毒大流行時，視訊和電話諮詢也成為許多人看醫生的常態。因此我們預測病毒大流行之後，醫生遠距與病患互動會增加是相當合理的。VR 和 AR 可以協助讓這些現況的變化更為順利，例如基於 VR 的遠距看診治療，甚至可以建立「VR 診所」，讓病患和醫生可以在同一個虛擬空間中互動。

我相信以後我們跟醫療保健專業人員的接觸，將會越來越受到 XR 的影響，尤其當技術變得越來越便宜之後。但是現在先讓我們深入研究一下，關於醫療保健領域的一些當前最佳範例。

使用 XR 強化幸福感

在這個不斷連結的社會中，人們越來越擔心這些科技會對我們想要「放鬆」和「暫停」一下的能力產生影響；然而諷刺的是，科技也被證明可能是解決方案的一部分。這也就是在健康和幸福感領域裡，為何會出現越來越多 XR 解決方案的背後原因。讓我們來看一些我最喜歡的例子。

VR 加強放鬆——夢想機器

「正念」可能有助於緩解壓力和焦慮，但如果要訓練自己的大腦即時調適（尤其是在感到壓力時），就是說來容易做來難了。因此一位出生於黎巴嫩的科技專家、NeuroPro 的創始人賈米爾．伊馬德（Jamil El-Imad）博士，利用他在雲端計算、虛擬實境和神經科學方面的知識，創造出一種頗具成效的體驗。這種體驗被稱為「夢想機器」（Dream Machine）。它是由 VR 頭戴式裝置和腦波儀（EEG）頭戴式裝置的組合，可以用來監測大腦中的「放電活動」。亦即該系統可以測量受試者對「放鬆圖像」的反應，協助他們保持輕鬆。

同時戴上這兩個頭戴式裝置後（雖然兩者非專門為夢想機器設計的現成技術，但看起來還好，並沒有真的那麼厚重累贅），用戶會聽到輕鬆的音樂，並看到海浪拍打在一個虛擬島嶼的海灘上，島上的棕櫚樹之間還有巨大的復活節島雕像。白色的羽毛漂浮在微風中，使用者的呼吸會讓它們漂浮。整個體驗的目的是讓用戶可以專注於當下，看著雕像的臉並保持羽毛漂浮。當用戶的思緒開始分心神遊時，畫面上會出現白霧擋住他們的視線，讓他們知道自己的注意力不集中，藉以訓練大腦在當下能夠更加活躍。體驗完畢後，用戶會得到一個代表注意力集中的分數，也就是讓他們可以衡量改進的「基線」。在不久的將來，這種系統可能會在許多場合被證明有效，例如可以減少工作場所帶來的焦慮和壓力，或者可以協助人們改進自己專心趨向「正念」的練習。

引導冥想——以虛擬實境的方式

如果想將正念和放鬆提升到一個新境界，坊間有大量的冥想應用程式和課程，可以協助你冥想和減壓，而且通常會使用放鬆的聲音和旁白來導引你。

有些解決方案現在也正在將 VR 整合進去，讓引導式冥想可以更身歷其境。如果你曾經在冥想時難以擺脫真實世界，大概就可以想像到這種作法的好處。只要使用 VR 頭戴式裝置，你可以完全隔絕周圍發生的事情，讓自己完全沉浸在數位冥想空間中，並享受放鬆的視覺效果。

Guided Meditation VR（引導冥想 VR）就是這樣的一款應用程式。它帶有 100 多個現成的「冥想」，也可以選擇自己定義如何體驗。因此你可以在海灘、僻靜的森林甚至在山頂上冥想。同時也會有輕柔的語音指令，引導你完成各種呼吸練習。

另一款 ProvataVR 引導式冥想和正念應用程式也有類似的功能，但它還增加了追蹤健康指標（例如心率）的功能，以便監控你的冥想進度，並且還有提供「智慧回饋」的額外優點。在真實世界中，幾乎沒有任何瑜伽教練會追蹤課堂上所有參與者的心率。

如果你比較喜歡「團體」的冥想體驗，EvolVR 的每週虛擬冥想課程可能更適合你。這些免費的冥想小組聚會是在微軟的社交 VR 平台 AltSpace VR 上進行，由 EvolVR 創辦人兼被任命的「一位論普遍主義者」（Unitarian Universalist[註]）牧師傑瑞米·尼克爾（Jeremy Nickel），以及他的團隊共同引導。參與者可以在每次會議開始時介紹自己，建立更多社群意識，然後每個人都可以遵循導師的引導冥想。雖然每個參與者都在現實世界上的不同地理位置，但你會覺得你們是一起在同一個地方。這種「支持性」的團體環境，可能會協助那些在冥想中掙扎，或不喜歡獨自冥想的人。

我很喜歡這些不同的冥想方法，都能透過 VR 加以強化。而且他們展示了一系列健康技術和實踐，讓我們看到 XR 技術在未來的可能潛力。

註 「一位論」派強調上帝是唯一真神，跟傳統基督教相信上帝是「三位一體」不同。

XR 和瑜伽

在家學習瑜伽可能很麻煩。當然我們已經有很多很棒的 Youtube 課程或瑜伽 app，不過這種學習無法獲得課堂上課的優點，那裡有導師可以指導以確保你的姿勢正確。然而許多人可能沒時間參加或負擔不起這類瑜伽課程，因而他們只能選擇在家做瑜伽。幸好現在已經開始有瑜伽應用程式，採用 XR 技術的協助讓人們在家裡練習，也能得到瑜伽教室上課的好處。

有個很棒的例子是來自布魯克．舒勒（Brooke Schuler）的擴增實境瑜伽教學套件。除了一本完整的插圖書以外，你還會獲得一個支援 AR 的應用程式，該程式會將一位「虛擬教練」投影到你的房間，以演示正確姿勢。這種方式不僅讓課程更具互動性和趣味性，還能讓你更容易理解和模擬每種姿勢與肢體位置。甚至還有一些關於「將 AR 融入瑜伽」的科學研究，證明 AR 的應用，確實可以協助參與者強化他們對瑜伽體驗的感知效果。

再進一步思考的話，我們可能會希望看到瑜伽課程「虛擬化」，就像我剛剛提到的團體引導冥想一樣。在這種虛擬環境下，我們可以虛擬的參加瑜伽課程，而且是與來自世界各地的人一起參加。由於你的「虛擬化身」動作，教練便能看到你做的「下犬式」（downward dog）瑜伽動作，給予即時回饋以改善你的姿勢。

VR 健身教練和體能鍛鍊

你的下一位私人教練可能會是一款 VR 應用嗎？依據 Supernatural 的經驗來看，很有可能。這款 Supernatural 的 VR 鍛鍊體驗，目的在改善家庭式的健身鍛鍊過程，並且結合音樂、虛擬教練的激勵和美麗的虛擬地點等，創造出你心中期待的健身課程。該公司每天都會發布一項新的 VR 健身體驗，因此你永遠不會感到煩膩。讓你可以在世界上一些最令人驚嘆的美麗環境中健身，而無須離開你家。

還有一些類似於運動用途的 VR 遊戲，例如 ICAROSVR。它在本質上是一款 VR 遊戲平台，可以讓你離開沙發四處走動，進行不同的虛擬活動如游泳、飛行或賽車等。你在現實生活中的身體可以控制遊戲中的動作，這些動作都有助於改善核心肌肉和肢體平衡感等（更多運動相關的 XR 範例，請參閱第 8 章）。

除了讓健身過程更愉快之外，還有一些研究證明 VR 有助於健身的效果。英國肯特大學的研究證明，VR 可以改善運動表現、減少酸痛並增加維持活動的時間。

千萬別擔心在家健身會「更有趣」的情況；因為 VR 健身甚至可以放在健身房裡取代現有的設備。如果我經營一家健身房的話，一定會認真關注 VR 技術，並且會很想知道如何讓健身房體驗能更加沉浸和有趣。我會用 VR 來協助會員花更長時間鍛鍊自己，減少不適感，並以更輕鬆、更愉快的方式，實現自己的健身目標。

使用 XR 診斷健康問題

XR 在診斷疾病和健康問題方面，從心理健康狀況到身體創傷、傷害和疾病方面，都已取得長足的進步。使用基於 VR 或 AR 的診斷工具有很多優勢，最值得注意的是現成技術很容易取得，而且絕對比「神經成像」（neuroimaging[註]）便宜得多，這就代表 VR 和 AR 可以部署在更廣泛的臨床環境中。讓我們來看一些真實世界的例子，這些例子展示出 VR 和 AR 作為診斷工具的潛力。

醫學成像和分析

仔細思考一下應該就可以發現，「醫學成像」（medical imaging）等於是擴增實境的一種形式，因為它是用來將身體內部結構「即時視覺化」。現在我們可以使用 AR 技術，直接改善醫學成像的效果，其做法是建立更整合、互動的「醫學數據視覺化」顯示，來提供給醫生進行分析。舉例來說，將血管或腫瘤等內部結構投影到顯示器、頭戴式裝置或甚至投影在病患身上（這點在為病患準備手術的情況下，相當有用）。VR 也可以提供全新方法來顯示醫學圖像，例如為醫療保健專業人員（或病患），帶來一種置身於圖像「內部」的感覺。

這種演進非常重要，因為大部分醫療資料都是圖像式，例如來自斷層掃描和照 X 光等（有些評估認為高達 80% 或 90% 的醫療資料都是圖像式資料）。如果我們能夠改進查看和分析醫學圖像資料的方式，或許就能改善病患的治療效果。

註 神經成像可以分為「結構成像」：用來展現腦的結構，輔助如腦腫瘤或腦外傷的診斷。「功能成像」：展現腦部正在進行的任務（包括感覺，運動，認知等功能）時的代謝活動。

有個絕佳的範例是來自 DICOMVR，這是由醫學物理學家克里斯．威廉斯（Chris Williams）和放射腫瘤學家科斯．克弗頓（Kos Kovtun）兩人，為了應付日益複雜的醫學成像而建立。正如他們所說，醫學成像目前受限於在 2D 螢幕上顯示 3D 訊息，如果使用 VR 的話（也就是他們正在開發的系統），便可讓臨床醫生在 3D VR 環境中，更直觀的查看和操控圖像資料。如此一來，將可提升圖像資料對於癌症診斷，以及治療的速度和精確度。

診斷視力減損

還有一個很棒的診斷範例來自 SyncThink 公司，他們在 2009 年成立，致力於開發行動式眼動追蹤技術。該公司的 EYE-SYNC 工具使用了帶有「眼動追蹤技術」的 VR 護目鏡，用以測量視力障礙，並協助臨床醫生診斷某人是否腦震盪。該診斷系統已經在 2016 年，得到美國食品藥物管理局許可。

VR 也被用來診斷青光眼的早期跡象。加拿大 Krembil 研究所的一個團隊，使用流行的 Oculus Rift 頭戴式裝置，檢測參與測試者的「相對運動感」（vection，也就是當你的視野移動時，感覺到就像自己也在移動的情況，即使我們並未移動也一樣有感覺。類似旁邊火車前進，靜止的你感覺往後移動）。在早期或輕度青光眼病患中，這種運動感覺會有受損或缺失的情形。

另一個團隊是來自威爾斯卡迪夫大學，他們一直在研究使用 VR 診斷和治療「視覺暈眩」（visual vertigo，或者說持續的「姿勢感知暈眩」）現象。

上述這些例子都代表我們可以使用 VR 進行健康診斷，發掘出各種身體範圍內潛藏的症狀。

協助精神科、神經科和心理健康診斷

我們在第 6 章談到 VR 如何協助人們克服公眾演講中的社交焦慮；然而如果透過分析參與者的「注視」行為，VR 就可以當成「社交焦慮」與否的診斷工具（因為研究證明，患有社交焦慮的人，不太敢注視別人的臉部）。

精神疾病（例如精神分裂症）的診斷是出了名的困難。根據世界衛生組織的資料，這就是為什麼 35 ～ 85% 的精神疾病，並未被發現和進行診斷的部分原因。我們有一個範例是來自英國埃克塞特大學的團隊，他們成功使用基於 VR 的「鏡像遊戲」，協助發現精神分裂症的早期病徵。他們用的方法是讓參與測試者，必須跟著虛擬化身的手勢和臉部表情照做一遍。

VR 也被用來實驗能否檢測出阿茲海默症的早期跡象。在一項由劍橋大學的丹尼斯・詹（Dennis Chan）博士領導的研究中，研究人員使用 VR 頭戴式裝置來測試參與者的「空間巡行」（spatial navigation，在大腦裡面有一個類似「內在」的衛星導航區域，讓我們知道自己在哪裡、去過哪裡以及如何找到路。這塊區域是受到阿茲海默症影響的首批區域之一，也就是為何「迷路」通常是此疾病的早期徵兆）能力和記憶力。研究結果證明，如果拿來跟一般的傳統阿茲海默症「黃金標準」診斷測試相比，VR 導航測試在發現輕度或早期阿茲海默症相關損傷方面，確實更為準確，這項結果真的令人驚訝。

對我來說，VR 作為診斷工具的美妙之處，在於它對於可能引發症狀的真實情況或場景，進行了逼真的模擬，這些情況在臨床環境中根本不可能或非常難以模擬。更重要的是，VR 可以用比較能控制且一致的方式來檢測，因此可以協助醫生做出更客觀的診斷。當然它也比神經成像技術便宜，而且也可以部署在更廣泛的環境中。

照料和治療方面的 XR 用途

我們現在要從診斷轉向治療，讓我們看看 VR 如何被用來改善治療（包括身體和心理健康），讓病患得到更好的結果。

用 VR 協助孩子克服打疫苗的恐懼

孩子們通常會害怕醫療行為，包括看牙醫、定期疫苗接種，甚至更嚴重的手術等。現在，VR 正被用於協助這些小病人克服恐懼，並透過沉浸式的故事來分散他們的注意力。

案例之一是巴西有一個團隊，使用 VR 來協助兒童克服接種疫苗的恐懼。該項目名為 VR 疫苗（VR Vaccine），也就是讓孩子們（透過 VR 頭戴式裝置）觀看冒險故事動畫，而護士（可以在螢幕上看到故事的進展）會把清潔皮膚和注射的動作，與動畫裡的故事同步進行。根據該團隊的研究證明，大多數孩子害怕的是「針頭」本身，而非他們可能感受到的疼痛。因此他們設計的 VR 方法，基本上是以分散注意力的方式來避開針頭的恐懼。這種作法還能讓孩子們放鬆，因而讓護士在打針時容易一些。該項目是由巴西連鎖藥局 Hermes Pardini 與當地設計工作室 VZLAB 和 Lobo 合作打造的心血結晶。事實證明，這個項目非常成功，因此 Hermes Pardini 在所有連鎖藥局都配置了 VR 頭戴設備，以協助推展注射疫苗的活動。

這個例子對我來說，清楚展現了 VR 能讓病人放鬆並協助他們應對治療中的焦慮感。這點不光是對兒童有用，對任何年齡層的病患都可能有效。（事實上，這種作法也有與外科手術相關的類似案例，我們將在本章稍後介紹。）

用於焦慮和創傷後壓力疾患的虛擬實境暴露療法

VR 也逐漸證明自己是心理健康治療上的有效工具，美國心理學會報告也宣稱 VR 特別適合用在「暴露療法」（exposure therapy）。這就是我們接下來要談的「虛擬實境暴露療法」（VRET）。在撰寫本文時，此種方法主要用來治療「創傷後壓力疾患」（PTSD，Post-traumatic stress disorder）和焦慮症。顧名思義，VRET 所使用的是以 VR 將病患暴露在可能引發其焦慮或 PTSD 症狀的場景中，不過這些場景都是在受到控制且安全的環境中進行。目的是讓病患適應誘發因子，預先處理由此產生的情緒，因而得以更深入參與治療。對於治療心理健康的機構而言，最明顯的優勢便是可以讓醫生模擬原本難以重現的場景，並控制病患暴露在哪些元素下（而且這些元素都比以前更具成本效益）。與勇敢面對真實世界中的誘發因子相比，病患會因為更受控制的環境而受益。此外，這種治療方式也可以在家裡，按照自己的節奏進行。

已經有越來越多的證據支持在暴露療法中使用 VR 的效果。亞特蘭大埃默里大學的研究人員，使用 VRET 治療因軍中性傷害事件而得到「創傷後壓力疾患」(PTSD，一般常稱創傷後壓力症候群)的退伍軍人(參與者會出現在模擬軍事基地的 VR 影片中)。研究顯示，在這種情況下使用 VRET 不僅安全，也有助於減少抑鬱症和 PTSD 症狀。VRET 也正被用在探索治療「藥物濫用」的問題。目前在英國，隸屬於英國國民健康服務體系(NHS)下的諾福克與薩福克 NHS 信託基金會，已經採用 VRET 來治療一系列「恐懼症」，包括飛行恐懼症、懼高症，甚至對蜘蛛的恐懼等症狀。

我們並不是在說 VRET 將會取代傳統的治療方案，但它確實展示了 VR 如何為更傳統的治療方法，提供額外的協助。

VR 強化認知行為療法

暴露療法當然不是治療焦慮症、創傷後壓力疾患，或其他心理健康疾病的唯一療法，「認知行為療法」(CBT)也是另一種被廣泛使用的高效方法。

OxfordVR 是一家自牛津大學內部獨立出來的公司，他們在臨床心理學和 VR 的結合方面，處於領先地位。2020 年，英國國民健康服務體系宣布將為患有「社交焦慮症」(social anxiety)的病患，提供 OxfordVR 的社交參與治療計畫。該計畫採用基於「認知行為療法」的方式，但是將其應用於沉浸式的虛擬環境中。方法是讓病患戴上 VR 頭戴式裝置，接著引導他們完成一系列可能引發社交焦慮和社交迴避的任務和環境，例如走在繁忙的街道上，搭乘公共交通工具。病患便能逐漸學會面對有問題的場景，並透過「嘗試」沒有任何傷害風險的任務，建立自己的信心。更重要的是，這項計畫可以由任何經過訓練的工作人員進行協助，不一定要合格醫生才行。一般心理醫生的預約等待時間可能相當長，如此便能讓治療機會更容易取得。根據 OxfordVR 自己的說法，他們的技術不僅有效，還能提供更快速的成效。舉例來說，OxfordVR 的懼高症模擬器，讓病患僅在兩個小時的治療後，就將恐懼感平均降低了 68%。

OxfordVR 在 2020 年獲得 1,000 萬英鎊的風險投資資金，可以證明人們對以 VR 為主導的療法充滿信心。換句話說，現在正是進入醫療科技行業的好時機。

用 VR 治療精神疾病

牛津大學「精神疾病學系」（Department of Psychiatry，不是心理系）和 NHS 以及其他多個組織之間，合作開發了 gameChange（改變遊戲規則）項目，目的在研究使用沉浸式 VR 協助精神病病患。其想法是讓病患戴上 VR 頭戴式裝置，然後由虛擬教練帶他們模擬自己覺得遇到問題的場景，以協助病患練習克服困難的技巧。重要的是，這項應用是完全自動化的，它是由「虛擬教練」帶領，因而可以在英國國民健康服務體系中廣泛使用。這點真的很令人興奮，因為可以增加接受治療的人數，並減少接受治療的等待時間。

協助失智症病患

全世界約有5,000萬人罹患失智症（dementia），每年大約會診斷出幾百萬個新病例。在本章稍前，我曾經提到VR如何進行阿茲海默症（Alzheimer's disease）的診斷實驗，這是目前最常見的失智症之一。然而除了治療之外，VR也可以協助改善失智症病患的生活品質。由於失智症是一種無法治癒的疾病，大多數可用藥物都只專注於暫時改善症狀，因此任何有助於改善病患生活品質的作法都是有幫助的。

舉例來說，英國牛津Marston Court（馬斯頓法院）療養院給予病患VR頭戴式裝置，讓他們回到過去，重溫生活中最喜歡的嗜好、地點或成長時期。例如有一位病患在體驗中去了法國一趟，她曾在當地與家人一起經營一家提供早餐的旅館；另一位病患回到了搖滾樂的年代。這些病患都回報說，他們從重溫記憶裡的過去時光中，感到快樂舒暢。

另一個例子是由健康技術新創公司VR Revival所開發的一款VR應用程式，目的在提高非洲地區失智症病患的生活品質，並減少失智症病患面臨的羞恥感。跟前面的範例一樣，這款應用程式也提供了提升病患愉悅的沉浸式VR體驗。

協助自閉症兒童

患有自閉症（autism）的年輕人在學校和日常生活中，通常需要大量外部協助，現在有些協助可能會以VR工具的形式出現。

位於英格蘭普雷斯特利的 Mendip 特殊教育學校，與西英格蘭大學和 VR 專家 Go Virtually 合作展開一項 VR 研究專案，目的在於協助自閉症學生學習新的社交技能並建立自信。該項目直接被命名為「虛擬實境技術」，並用在自閉症團體上，讓 6 至 16 歲的自閉症學生，一起嘗試這種與眾不同的虛擬實境技術。根據學生們的反應，他們最喜歡使用這種技術來放鬆和冥想，了解自己以前未曾去過的地方，並減少去新地點所產生的焦慮。我看重這個項目的原因之一，是它奠定了以 Google Cardboard 這樣的低成本技術，結合智慧型手機之後，便能在自閉症群體中使用 VR 的體驗裡邁出穩健的第一步；也就是說，不一定需要用到昂貴的高科技設備。

VR 強化復健治療

根據受傷情況的不同，身體復健可能是相當漫長、緩慢、且令人感到沮喪與痛苦的過程。位於英國拉夫堡的國防醫療復健中心，是一家為受傷的軍人提供先進專業護理的機構，他們正在使用虛擬實境技術來協助復健的過程。

該中心的「電腦輔助復健環境」（CAREN，Computer Assisted Rehabilitation Environment）機，本質上是一部看起來有點像飛行模擬器，被螢幕包圍住的大型跑步機。當病患在跑步機上行走時，會有 VR 圖像包圍著他們。這些螢幕可以重新建立不同的真實世界畫面，例如在較難前進的鵝卵石上行走。在此同時，這些設備和感測器會監測病患的肌肉活動，以了解目前肌肉的使用情況。病患還可以觀察他們的肌肉運動，了解哪些肌肉運作良好，哪些肌肉顯得不正常，並藉此了解他們的肌肉在物理治療中的改善狀況。

未來像這樣的 VR 模擬器，可以在各種不同的臨床環境中推出，以協助病患康復。

疼痛管理

「疼痛管理」（Pain management）是治療身體損傷和疾病的重要關鍵，這也是另一個可以透過 VR 強化的領域。根據臨床試驗證明，VR 可以協助病患更良好的應對疼痛，並減少鴉片類藥物的使用。一項研究顯示，接受 VR 治療的病患回報疼痛的程度，在 1 ～ 10 分的範圍內減少了 3 分。

加州的霍格醫院是美國最早使用額外的 VR 疼痛治療（即在臨床試驗環境之外），協助病患減輕藥物依賴的醫院之一。就在醫院開始實施 VR 技術之際，新冠病毒開始大流行，這意味著即使是非 Covid-19 病患，也都會被隔離起來，禁止探病。在使用虛擬實境後，這些病患能夠沉浸在美麗的目的地，或各種令人愉快的體驗中（例如與海豚一起游泳），讓病患放鬆並分散他們對痛苦的注意力。結果奏效了嗎？六週之後，在 VR 治療了大約 200 名左右的病患後，該團隊報告了驚人的結果，有些病患甚至說 VR 療法比嗎啡更好。而在請病患評估 VR 治療（持續 15 到 30 分鐘）前後的差異時，他們的疼痛指數也改善了。該團隊還在一些 VR 治療前後進行核磁共振檢查，根據 MRI 數據資料顯示，在接受 VR 治療時，大腦對疼痛的反應也明顯下降。

這個實際案例非常具有正面意義，不僅是因為它展示了 VR 如何協助慢性疼痛病患減輕痛苦（請想想看有多少慢性疼痛病患，無須離開家裡即可從低成本的 VR 治療中受益），還可以減少病患對鴉片類藥物的依賴。

透過 XR 改善手術

接著我們要進入「手術室」的範疇，探索使用 AR 和 VR 來改善手術程序和治療病患的效果。這些技術已經從多種方向展開，包括協助病患在手術過程中放鬆，到協助醫生加強手術訓練，甚至是在手術過程中，使用 XR 來協助外科醫生將手術過程「視覺化」，並在手術過程中能夠更方便監測病患的生命跡象。各位還記得 AR 可以將數位訊息疊加到真實世界上吧，這也意味著它可以把視覺化的人體資料（例如神經和血管），投射到病患身體上進行監測。

研究證明，外科醫生對使用 XR 技術（尤其是 AR）越來越感興趣，除了可以提高手術過程的安全和效率，還能讓 AR 系統配合傳統手術的執行過程。因此我們將從這點來看一些在外科手術中，相當具有啟發性的 XR 用途。

減輕病患壓力

從本章提過的一些範例中，我們可以清楚地看到 VR 在分散注意力和讓人放鬆方面，具有不錯的成效。因此對處於「局部麻醉」狀態的病患（也就是在意識仍然清醒的手術中），我們可以用 VR 協助他們在手術過程中保持冷靜和放鬆。

這就是在倫敦聖喬治醫院進行「前導研究」（pilot study[註]）的想法。在這裡接受局部麻醉手術的病患，可以選擇在手術前和手術期間使用 VR 頭戴式裝置。使用這項技術的病患，沉浸在相當平靜的虛擬景觀中，結果證明非常有效。研究數據顯示高達 100% 的參與者，都表示佩戴頭戴式裝置改善了他們的整體住院體驗，有 94% 的人表示他們感覺更放鬆，也有 80% 的人表示疼痛減輕了。許多病患都說他們沉浸在體驗中，甚至完全沒注意到自己還在手術室裡。

VR 還被用來協助分娩的女性放鬆，以協助她們應對分娩時的疼痛感。位於卡迪夫的威爾士大學醫院嘗試使用 VR 頭戴式裝置，作為孕婦在分娩期間管理疼痛的替代方式。

這些實際案例展示了如何在一系列醫療介入行為中，使用 VR 來協助病患。從根本上而言，VR 幾乎可以用於所有「病患保持清醒」的各類型手術，或是用來減輕住院病患的壓力（我甚至認為它一定可以讓看牙醫變得更加愉快！）。因此，VR 可能有助於減少鎮靜劑的使用，或者減少對病患進行全身麻醉的需求（因為全身麻醉所需的恢復時間較長，也較危險）。

AccuVein 將靜脈視覺化

AccuVein 成立於 2006 年，是靜脈視覺化領域的全球領導業者。該應用程式可以將人體靜脈圖疊加在病患皮膚表面，協助專業醫療人員更輕鬆的找到血管（可以用在靜脈注射和抽血過程）。自從這項技術首次發表以來，

註 為了評估可行性、時間、成本、負面影響等，所預先進行的小型實驗或研究。

醫療機構的採用率持續穩步成長。根據該公司表示，他們現在已經協助治療超過 1,000 萬個病患。該技術主要用於協助醫生或護士，在病患身上找出原本無法看到或感覺不到的靜脈。已經有證據證明，將靜脈視覺化的方法，明顯提高了臨床醫生在第一次嘗試就發現靜脈的能力，包括在兒科病例中提高了 98%、在成人病例中提高了 96% 的比例。這項技術還被用來協助美容醫師在注射肉毒桿菌和填充劑時，避免注射到靜脈。

Medivis 和術前資料

Medivis 是另一家希望將 AR 和 VR 納入操作程序的公司。他們的特點在於將 AR 與 AI（人工智慧）相互結合，以 3D 形式提供更智慧的訊息且更容易觀看。這種想法是利用 AR 技術協助外科醫生，以更高的精確度準確的規劃和執行手術，因為他們不必依賴平面的成像技術來觀看手術前的病患資料，而 AI 功能則是在手術過程中，提供有助於做出更好決策的關鍵看法。這種「技術組合」對我來說尤其有趣，也暗示了 XR 新技術未來發展的另一種可能方向。

Surgical Theater 的 PrecisionVR 手術排練平台

Surgical Theatre（手術室）公司是由兩位以色列空軍軍官暨飛行模擬器專家於 2020 年所創立。他們的成立想法相當有趣：如果外科醫生也可以像戰機飛行員一樣在「模擬器」中訓練呢？該公司專為神經外科手術設計的「Precision VR」（精確 VR）手術排練平台，已經被梅奧診所、加州大學洛杉磯分校醫學院、史丹佛醫學院等機構使用。目標是為外科醫生提供更好的「術前規劃」（preoperative planning），透過將傳統的 2D 醫療數據，轉化為病患特定的 VR 手術模擬。Precision VR 的獨特之處在於它還能讓病患在手術進行之前，觀看自己手術的模擬過程。

我喜歡這項技術的原因，在於他們的設計兼顧了外科醫生和病患的需求，等於為醫生及病患（還有病患家屬）提供了一種共通語言，讓每個人都能更詳細的了解即將進行的手術。

SentiAR——手術期間的全像視覺化

就像我們在前往一個新城市時，可能會使用衛星導航系統來導航一樣，外科醫生也可以使用最新科技，為他們的手術導航，並且在手術期間查看病患身體的解剖結構。這方面的應用實例來自 SentiAR，他們用 AR 建立病患解剖結構的全像立體視覺化圖像，在手術期間投射在病患身上。這項技術是由全像頭戴式裝置控制，外科醫生不必用手操作，直接就能將 2D 掃描數據和即時數據，轉換為臨床醫生視野中的全像圖。這項技術是專為「心臟模型」而設計，目的在於使心臟手術的過程能更快也更精準。

脊椎治療中的 AR 視覺化

在一項針對 42 例脊椎手術的測試研究中，AR 被用來在手術前和手術期間提供圖像資料。這些圖像資料用在自動分隔椎骨，並為每個椎骨配上個別顏色。然後將這些調整過的資料顯示在抬頭顯示器上，協助外科醫生進行從重新調整脊椎，到切除腫瘤的各項手術過程，甚至還可用來協助培訓住院醫師。研究證明，這些手術相關的測試過程都相當成功。

在 2020 年時，已經獲得 FDA 批准使用的 Augmedics 公司旗下的 ARxvision Spine System（AR 脊椎視覺化系統），在美國首次成功運用於脊椎融合手術中。霍普金斯大學讓外科醫生以 3D 形式將病患的脊椎解剖結構視覺化，就好像外科醫生頭上戴著 X 光眼鏡一樣（這套系統是由一個透明的「近眼顯示器」（near-eye-display）頭戴式裝置組成，因此不會干擾外科醫生的視野）。也就是說，外科醫生可以在繼續觀察病患的同時，直接精準的導引儀器和植入物，而不必轉頭看螢幕。

這個範例具有指標作用，證明 AR 在將來可以為外科醫生提供直接出現在視野中的所需訊息，以便改善傳統手術的操作過程。事實上，Augmedics 也計畫在未來進行脊椎手術以外的應用，所以請各位多注意這個領域。

將 VR 與手術機器人互相結合

另一個更為先進的手術 VR 應用領域，是 VR 技術與「外科機器人」（surgical robotics[註]）科技的結合，這也就是 Vicarious Surgical 公司背後的理念。Vicarious Surgical 成立於 2014 年，目的在創造出可以進行微創手術的「類人手術機器人」（human-like surgical robots）。他們結合機器人技術和 VR 科技，宣稱自己的技術可以將外科醫生傳送到病患體內（虛擬下）。他們的手術機器人是第一個獲得美國食品藥品管理局「突破性設備」（Breakthrough Device）指定的手術機器人。該指定通常用來認證可

註 這類外科手術機器人多半是指「機器人手術系統」（Robotic Surgical System），通常包含手術台車（Patient Cart）、醫生主控台（Surgeon Console）、中央影像系統（Vision System）三者，可以用來協助外科醫師執行微創手術，並非真的由機器人自行動手術。

以提供對治療更有效的「突破性」技術。比爾．蓋茨也是這家公司的投資者之一。

我經常會為不同技術融合的實際案例感到興奮，VR 技術和手術機器人的結合，應該是未來最值得關注的有趣案例之一。

從醫療保健的應用中學到什麼？

我們從本章可以清楚看出人們對與醫療保健相關的 XR 技術充滿信心。醫生似乎很開心可以在臨床環境中採用 VR 和 AR，現在也出現大量證據支持此類用途。這一切都意味著醫療技術領域的公司，或者那些希望建立與醫療保健或健康相關的 XR 工具的公司，有令人興奮的商機。但是我們可以從當前的應用中學到什麼呢？對我來說，醫療保健行業讓我們了解：

- 由於 VR 體驗的虛擬性，很容易讓人認為 VR 僅適用於心理治療方面。不過我很高興可以看到 VR 成功應用於實際治療，並且取得了重大成功（例如在疼痛管理方面）。這個提醒相當重要：虛擬世界和真實世界應該如何日益交織在一起呢？兩者之間的區別正逐漸變得越來越模糊。

- XR 技術與其他技術（例如 AI 或機器人技術）的結合，特別有用且有趣。請考量自己的 XR 解決方案是否與其他尖端技術有所交集，是否能藉此提供更好的觀察力，或藉此改善用戶所獲得的體驗。

- 不可否認，本章所提到的一些解決方案（例如 VR 手術排練模擬器）都非常昂貴，但情況不一定都是如此。本書還有很多引用範例、試驗和項目，用的只是廉價的現成 VR 頭戴式裝置（例如自閉症患者項目）。如果開發人員希望自己的應用項目能在一系列臨床（甚至非臨床）環境中，被更廣泛採用的話，就應該盡可能讓 XR 醫療保健解決方案的價格更實惠，而且易於使用才行。

- 最後請大家記住，「醫療訊息」是非常敏感的個資。如果你的應用技術會蒐集和使用病患個人資料時，必須讓用戶意識到這一點，並尋求他們的知情同意。跟前面說過的一樣，我個人提倡以「謹慎」的方式蒐集個資，也就是你應該只蒐集真正需要的資料，而且還要確保符合法律和道德上的要求。

本章總結

我們在本章學習到以下重點：

- 正如本章實際案例所示，AR 和 VR 都被認為是醫療保健領域的突破性技術。XR 技術在改善醫療保健的各種層面，都有巨大的潛力。

- VR 和 AR 已被用於改善人們的幸福感、強化健身方面的鍛鍊習慣、協助診斷身體和精神狀態、強化病患治療（包括心理健康治療、身體復健和疼痛管理等）；並且可以改善手術過程。

- 隨著現在與遠端病患互動越來越普遍的情況下，我們可以期待 VR 和 AR 在醫療保健發揮更大的作用，協助緩解遠端照護的轉換過程，並讓遠端醫病互動能夠更身歷其境也更有意義。

正如我們從本章前面的 VR 強化健身鍛鍊範例中所見，XR 技術可以協助讓健身過程變得更有趣，而且如果願意的話，還可以更像遊戲一樣。這點剛好巧妙的將我們帶入了下一章「體育」和「娛樂」的世界。請繼續閱讀，以了解 XR 如何被體育界和娛樂界熱情採用。

參考來源

1. 將擴增實境融入瑜伽體驗；Semantic Scholar；https://pdfs.semanticscholar.org/17b4/c6a1f75704e45d9e227141ef-c04978b855f2.pdf
2. 虛擬實境可以提高運動表現；肯特大學；https://www.kent.ac.uk/news/science/19368/virtual-reality-can-reduce-pain-and-increase-performance-during-exercise
3. 持續姿勢感知暈眩（視覺暈眩）項目；卡迪夫大學；https://www.cardiff.ac.uk/psychology/research/impact/visual-vertigo-study
4. 虛擬實境作為社交焦慮診斷工具的潛力：一項試點研究；Computers in Human Behavior；https://www.sciencedirect.com/science/article/abs/pii/S074756321730417X
5. 世界衛生組織世界精神衛生調查中，精神障礙治療的患病率、嚴重程度和未滿足的需求；PubMed.gov；https://pubmed.ncbi.nlm.nih.gov/15173149/

6. 研究證明，「鏡像遊戲」測試可以確保早期發現精神分裂症；埃克塞特大學；http://www.exeter.ac.uk/news/featurednews/title_567782_en.html

7. 使用基於內嗅皮層的 VR 導航測試，區分輕度認知障礙；PubMed.gov；https://pubmed.ncbi.nlm。nih.gov/31121601/

8. 協助孩子應對醫療恐懼；BBC News；https://www.bbc.com/news/business-45978891

9. 虛擬實境擴大了它的範圍；美國心理協會；https://www.apa.org/monitor/2018/02/virtual-reality

10. 你能做到嗎？！虛擬實境暴露療法治療軍人性創傷 PTSD 的可行性；Journal of Anxiety Disorders；https://www.sciencedirect.com/science/article/abs/pii/ S0887618517304991 ？ via%3Dihub

11. 心理健康信任引入了用於恐懼症治療的虛擬實境；Digital Health；https://www.digitalhealth.net/2020/02/mental-health-trust-introduces-virtual-reality-for-phobia-treatment/

12. NHS 為社交焦慮病患提供新的虛擬實境治療；Digital Health；https://www.digitalhealth.net/2020/03/nhs-offers-new-virtual-reality-treatment-for-patients-with-social-anxiety/

13. 牛津 VR；https://ovrhealth.com/how-we-can-help/

14. 虛擬實境如何協助失智症病患；BBC News；https://www.bbc.com/news/av/business-49654052

15. 自閉症群體使用的虛擬實境技術；西薩默塞特研究學院；https://researchschool.org.uk/westsomerset/news/virtual-reality-technology-used-by-autistic-groups/

17. 雪松 - 西奈研究發現虛擬實境療法有助於減輕住院病患的疼痛；Cedars-Sinai；https://www.cedars-sinai.org/newsroom/cedars-sinai-study-finds-virtual-reality-therapy-helps-reduce-pain-in-hospitalized-patients/

18. 虛擬實境正在成為有效的疼痛管理工具；富比士；https://www.forbes.com/sites/marlamilling/2020/05/26/virtual-reality-emerging-as-effective-pain-management-tool/

19. 擴增實境在外科手術中的最新發展：回顧；Journal of Healthcare Engineerin；https://www.hindawi.com/journals/jhe/2017/4574172/

20. 在聖喬治醫院手術期間，VR 頭戴式裝置讓病患放鬆；聖喬治大學醫院；https://www.stgeorges.nhs.uk/news-item/vr-headsets-relaxing-patients-during-surgery-at-st-georges/

21. 靜脈視覺化成為首要的擴增實境應用；AccuVein；https://www.accuvein.com/news/vein-visualization-emerges-as-premier-augmented-reality-application/

22. 研究證明，AR 視覺化有助於脊椎治療；VR360；https://virtualreality-news.net/news/2020/jun/10/ar-visualisations-can-help-in-spinal-treatments-research-suggests/

23. 首次使用 FDA 批准的 Augmedics xvision 脊椎系統的擴增實境脊椎手術在美國完成；OrthoSpineNews；https://orthospinenews.com/2020/06/11/first-augmented-reality-spine-surgery-using-fda-cleared-augmedics-xvision-spine-system- completed-in-u-s/#:~:text=CHICAGO%2C%20June%2011%2C%20 2020%20%E2%80%93,surgery%20in%20the%20United%20States.

8

娛樂和體育

由於虛擬實境在遊戲領域取得重大突破，因此遊戲和其他形式的娛樂，當然都很熱情的採用了 XR 技術（不僅是 VR，AR 也是如此）。除了遊戲界以外，這些技術正在逐漸改變更廣泛的娛樂和體育業。如同我們將在本章所見，VR 和 AR 正被應用在電影、博物館、畫廊、主題公園、體育、音樂、戲劇、社交媒體甚至色情片中，創造更具沉浸感、更引人入勝的新奇體驗（車內的娛樂可能也已經成熟到適合進行虛擬改造；例如德國汽車製造商奧迪，為汽車乘客建立了一個實驗性的 VR 遊戲系統，該系統會依據汽車的各種運動包括加速、剎車和轉向等，在乘客的 VR 體驗遊戲中，做出對應的動作）。

幾乎有一半的虛擬實境投資都屬於娛樂領域，這也證明了娛樂業確實是 XR 革命的重要組成分子之一。隨著技術變得越來越沉浸也更逼真後，我們還可能會看到更多 XR 在娛樂領域的應用，為這個領域帶來巨大的商機。運動業者也採用 VR 和 AR 來增加球迷參與度、強化訓練過程和改善體育轉播的形式。甚至還有新的電子競技模式，可以把虛擬實境遊戲或 AR 圖形，與現實生活中的實體運動相互結合，因而模糊了遊戲、運動和健身鍛鍊三者之間的界線。

雖然認真的遊戲玩家可能毫不考慮就投資昂貴的 VR 頭戴顯示器，但並非所有人都能如此。這也就是許多體驗都支援 VR 和 AR 的智慧型手機或 Google Cardboard 等廉價 VR 頭戴式裝置的原因。而在許多包含 XR 元素的現實景點，便會在客戶參加時提供必要工具。這一切都代表 XR 已經變得越來越普遍，可以供廣大用戶使用。

雖然虛擬實境不太可能會完全取代傳統娛樂形式（舉例來說，目前 VR 雲霄飛車的體驗，就像是一場令人胃痛的糟糕模擬體驗）。不過 VR 和 AR 確實可以讓娛樂變得更加身歷其境、引人入勝，也更容易取得，而且還會越來越朝向強化娛樂和運動的更多層面。

換句話說，無論你正在玩什麼好玩的東西，都可以透過加入 VR 或 AR 來強化享受。例如我們可以在家裡透過 VR 觀賞足球比賽，並使用 360 度攝影鏡頭拍攝，也就是可以在體育場的任何地方進行拍攝。你也可以透過沉浸式影片來了解新聞場景，或躺在自己的沙發上觀看一場 VR 音樂會。如果你參加了一場實體演出的音樂會時，也可以透過手機看到自己最喜歡的歌手，在 AR 體驗中的強化（例如造型）。你也可以在 VR 社交媒體平台上與朋友線上聊天，並且建立自己的小小數位世界，舉辦一個虛擬電影或遊戲之夜。當然，你也可以偷偷讓自己沉浸在 VR 色情內容中，甚至還可以在現實生活中的牧師所經營的虛擬教堂做禮拜。這些聽起來都太牽強或未來主義嗎？事實上，這些都是我將在本章介紹，在目前真實世界中的實際應用案例。毫無疑問地，我們正在接近真實世界和虛擬世界「密不可分」的未來，而娛樂將在這個轉變中，發揮關鍵作用。

製作沉浸式電影

如果仔細思考一下電影的製作過程，通常是由導演嚴格控制最後觀眾所看到的東西。每一個鏡頭的目的，都在以特定方式吸引觀眾的注意力，包括角色強烈的情緒反應，兩個戀人之間偷偷摸摸的一瞥，或是兇手從床底下伸出的手……這些都是偉大的導演們如何引發某些反應、製造懸念的手法。

然而在沉浸式的 360 度 VR 電影中，觀眾的位置就在電影場景的中心點，這表示他們可以將注意力轉移到任何想看的地方，可能是上、下、左、右，或甚至是查看他們身後發生的事情（雖然觀眾不能像在電腦生成的虛擬環境或遊戲中，那種在場景中四處走動的方式，不過他們一定可以把頭轉向任何方向）。對於傳統電影製作者來說，這種觀眾可以隨心所欲、自由觀看的方式，將會讓他們搔頭傷腦不已。這就是為什麼我認為我們應該不會太快看到 VR 大片的緣故。然而正如這些實際案例所將展示的，VR 仍可用來強化電影製作，並且創造更身歷其境的故事。

VR 電影範例

雖然我們可能不會很快看到大型的好萊塢式 VR 電影，不過我們仍然可以看到一些有趣的 VR 電影範例，尤其是 VR 短片。這些目的在於為觀眾創造更加沉浸式的影片體驗，可能會讓觀眾在每次觀看都能看到新的事物（因為剛剛說過觀眾可以環顧四周）。

得到艾美獎的 VR 電影《入侵》（Invasion）就是一個很好的例子。這部動畫短片由伊森 · 霍克（Ethan Hawke）旁白，講述了兩個到達地球的外星人，計畫接管地球，但後來他們遇到兩隻可愛的兔子的故事。《灰飛煙滅》（Ashes to Ashes）則是另一個很酷的例子。它講述了一個家庭，處理失去祖父的悲痛故事，並研究如何處理祖父的最後一個願望——讓他的遺體被炸成灰。《灰飛煙滅》還透過展示攝製組現場拍攝的方式，呈現了電影製作過程。這是一個大膽而有趣的舉動，幾乎讓觀眾感覺他們是置身在電影拍攝場景中，而非沉浸在電影的故事裡。

在電影製作中使用 VR

VR 在電影製作過程中，已經扮演著越來越重要的幕後角色，「虛擬攝影機」（virtual camera）就是典型的例子。我們都知道真人電影是用攝影機拍攝，但你知道現在的動畫電影可以用「虛擬攝影機」來拍攝嗎？皮克斯在動畫電影中就使用了這種軟體功能，可以建立像真實攝影機移動一樣的鏡頭。近期翻拍的《獅子王》也使用了虛擬攝影機，拍攝出極為逼真的非洲獅子，而這一切都是在美國一個空蕩蕩的攝影棚中拍攝。只要使用同步的 VR 頭戴設備，導演和工作人員便可以在獅子之間行走，並以第一人稱視角觀看整個場景，而不是像一般電影拍攝時，導演只能在監視螢幕上觀看攝影機拍攝的成果。同樣的，現在在動畫電影中，動畫師也可以在他們的作品中「四處走動」。

透過 VR 體驗與觀眾互動

VR 還被用於與電影觀眾互動、宣傳電影，並且提供與故事和角色相關的各式特別體驗。迪士尼電影 VR（Disney Movies VR）網站，為迪士尼粉絲提供了一系列身歷其境的體驗，例如可以在紅地毯活動隨處閒逛，還可詳細探索自己喜歡的迪士尼場景。然後是《牠：漂浮》（IT：Float）的 VR 體驗，目的在於慶祝史蒂芬・金經典作品的現代翻拍，會把用戶帶到潘尼・懷斯（Penny Wise，會抓小孩的小丑）的可怕巢穴裡。

AR 已經被證明是吸引電影觀眾的有效方式。在 2018 年雷恩・葛斯林（Ryan Gosling）主演的電影《登月先鋒》（First Man），講述的是尼爾・阿姆斯壯（Neil ARmstrong）和登月任務的故事。電影的行銷活動裡有一項是觀察月球的網路 AR 體驗，亦即當用戶在智慧型手機瀏覽器上打開電影的特定網頁，然後將手機朝向月球時，就會觸發令人印象深刻的阿波羅 11 號任務體驗。用戶甚至可以將自己傳送到月球（透過點擊月球），就可以在月球上看到美國國旗和登月小艇。其他電影如《蜘蛛人：新宇宙》（Spider-Man: Into the Spider-Verse）和《侏羅紀世界：殞落國度》（Jurassic World: Fallen Kingdom）都有相關的 AR 行銷活動。

透過沉浸式影片強化新聞

就我個人而言，我認為我們可能會看到「新聞業」從 VR 電影中獲益，因為 VR 可以提供讓用戶沉浸在新聞故事中的機會，並且可以展示新聞發生地的真實情況（例如難民營的真實生活）。

這就是《紐約時報》在其 360 系列中所做的事。新聞媒體可以透過這些身歷其境的影片，把讀者置於新聞故事的中心點，讓他們可以環顧四周，更詳細的探索故事的真相。在 2020 年有一個例子，他們把觀眾置於三月中旬的「為生命遊行」（Our Lives）抗議活動中。

更多沉浸式的電玩遊戲

VR 和 AR 在電玩遊戲中的地位已經確立。事實上，一般我們談到 XR 使用時，電玩遊戲可能是人們最先想到的。因此，在這一小節裡會有許多的範例，雖然無法把這類遊戲全部包含在內，但我希望我所舉的範例能夠展示 XR 滲透到遊戲世界的程度。XR 可以用來強化遊戲體驗，所以 VR 遊戲類的規模，只會隨著 VR 頭戴設備變得更輕巧、價格也更便宜（以及其他設備如電玩主機和 PC，也會越來越與 VR 相容）而不斷成長。因此，我們現在正處於 VR 遊戲完全制霸電玩主流的重要關頭。事實上，全球遊戲市場規模的 VR 估計產值在 2019 年的統計，已經達到 115 億美元，預計從 2020 到 2027 年，將會以每年 30% 的速度增加。這些 VR 遊戲為遊戲玩家提供了「進入」遊戲冒險的機會，並且透過令人印象深刻的 3D 效果和互動圖像，讓玩家沉浸在體驗中。隨著 VR 硬體（例如體感衣和手套等）價格變得更便宜，遊戲體驗也可以變得更加沉浸。同時，AR 遊戲市場（只需要支援 AR 的智慧型手機）也可望在未來幾年更顯著的成長。

AR 遊戲範例

2016 年的寶可夢遊戲，讓 AR 真正攫取了大家的想像力，從兒童到成人，都用手機發現了隱藏在真實世界中的神奇寶貝角色。侏羅紀世界 Alive（Jurassic World Alive ）AR 遊戲，做的也是類似的事，不過，你猜對了，換成恐龍和猛瑪象在你的城市裡跑來跑去。還有《陰屍路：我們的世界》（The Walking Dead: Our World）是一款第一人稱射擊類的殭屍遊戲 app，只要把你的手機鏡頭指向周圍任何地方，看到殭屍出現，然後朝殭屍頭部射擊。甚至還可以跟《陰屍路》的角色合影，發布到社交媒體上與朋友分享。

當談到最著名的 AR 遊戲時，一定也要提一下與寶可夢並駕齊驅的 Ingress（最新版本稱為 Ingress Prime，中文名稱為「虛擬入口」或「浸視界」）。在這款遊戲的背景是世界各地發現了一種神祕的新奇物質（稱為 XM），有兩個祕密派系競相揭開背後的真相。Ingress 是一款合作式的 AR 遊戲，因此你可以與團隊裡的其他人合作，占領和保衛虛擬領土並尋找資源。

這些遊戲的偉大之處在於它們為我們周圍的真實世界，帶來了遊戲的魔力。雖然並不像 VR 遊戲具有身歷其境的感覺，然而這些 AR 體驗仍舊迷人、有趣，而且正如許多站在街頭的人可以證明，完全會令人上癮。所以即使是在遊戲之外，AR 功能也能提供一種有效的方式，增加用戶在應用程式、遊戲或網站中的參與時間。

接著要來談一些 VR 遊戲

結合 VR 頭戴式裝置後，VR 遊戲可以用傳統電玩遊戲所無法比擬的方式，把用戶帶入遊戲環境中。VR 遊戲的範圍不斷成長，不論是快節奏的射擊遊戲到溫和的益智遊戲都有。

舉例來說，《俄羅斯方塊效應》（Tetris Effect）是針對舊俄羅斯方塊的全新演繹。雖然看起來像普通的俄羅斯方塊遊戲，不過每個關卡都會出現在新的環境中，並且伴隨該關卡主題的音樂和視覺效果（例如水下關卡中的水下噪音等）。如果你是恐怖遊戲迷的話，《惡靈古堡 7：生化危機》是以第一人稱視角進行遊戲，你在遊戲中扮演軟體開發人員伊森．溫特斯（Ethan Winters）的角色，他是一系列恐怖兇殺案的倖存者，正在一座令人毛骨悚然的老房子裡尋找失蹤的妻子。而《Minecraft》（當個創世神）迷們，也可以盡情享受 Minecraft VR，遊戲玩法就像普通的 Minecraft 一樣，不過你在建造和戰鬥時會完全沉浸在自己的世界中。

長期經營的電玩遊戲《空戰奇兵》（Ace Combat）系列，也發布了 Ace Combat 7 的 VR 版本，使用了細節詳盡的飛機和逼真的風景，讓玩家感覺好像真的在戰鬥機中飛行。而堅持飛行主題的，還有經久不衰的《微軟模擬飛行》（Microsoft Flight Simulator）系列。在 2020 年，微軟宣布計畫將支援 VR 頭戴設備（撰寫本文時正在進行 Beta 測試，譯註：目前已發行），為用戶提供更加身歷其境的飛行體驗。多年來，人們一直對這款飛行模擬器遊戲讚不絕口，因此能夠將其與 VR 頭戴式裝置一起使用，真的非常令玩家興奮。

你甚至可以透過《撲克之星》（PokerStars）VR 撲克之旅，在 VR 中玩撲克。這是一項免費的撲克錦標賽，歡迎玩家進入虛擬撲克的環境，你可以在此與其他競爭對手的化身對戰，還可以為未來一系列虛擬化的比賽和錦標賽鋪路。

虛擬旅遊景點

我們在第 6 章中探討過 VR 如何透過虛擬遊覽和冒險，開闢出各種新的教育體驗。現在就讓我們來看一些虛擬景點的範例，這些虛擬景點的目的在於讓遊客無須離開家裡，就能沉浸在各個景點的美景體驗中。

虛擬展覽、畫廊和博物館

世界各地已經有許多博物館和畫廊都建立了線上的虛擬參觀，好讓他們的展品得以栩栩如生。這些虛擬體驗的複雜程度各不相同，有些只是簡單的 360 度影片，另一些則為各種展覽提供更多互動功能。當然所有展覽的目的都是想要增加參與度，並讓珍貴的收藏品能夠更活靈活現。

倫敦國家美術館製作了三套虛擬之旅，讓遊客可以透過桌機、行動裝置或 VR 頭戴式裝置探索藝術品。舉例來說，有一個塞恩斯伯里展覽室（Sainsbury Wing）的 VR 之旅，展示了美術館收藏的早期文藝復興時期畫作。同樣的情況，在洛杉磯的尚・保羅・蓋提（J. Paul Getty）博物館也建立了一個虛擬之旅，讓參觀者可以環顧畫廊空間，並單擊某件藝術品以得到更多詳細訊息。你也可以虛擬參觀羅馬的梵蒂岡博物館，欣賞壁畫、掛毯和裝飾華麗的拱形天花板。換句話說，參觀者不必排隊等候，就能看到細節逼真的 360 度西斯廷教堂。羅浮宮還推出了名為「蒙娜麗莎：玻璃之外」（Mona Lisa: Beyond the Glass.）的 VR 體驗，包括了完整的互動式設計、聲音和動畫。線上虛擬體驗的方式，可以讓用戶更仔細的了解這幅畫，包括它的真實質感以及它如何隨時間變化樣貌。

「VOMA（Virtual Online Museum ofARt）虛擬線上藝術博物館」在 2020 年公開，這是世界上第一個完全虛擬的博物館。VOMA 從世界各地的重要畫廊借來藝術作品，在一個完全免費下載的美麗虛擬環境中，展示他們策劃的藝術展覽。VOMA 計畫隨著時間推移，陸續收藏更多新作品和藝術家展覽，因此用戶將看到該虛擬博物館不斷更新這些藝術家的作品。

除了可以從世界任何地方探索這些精緻的博物館和畫廊外，這種虛擬體驗的好處在於我們可以真正「近距離」觀察藝術品和展覽品的細節。任何曾在真正的博物館裡排隊看過蒙娜麗莎的人，應該都知道這不是件容易的事，除了畫本身的玻璃保護罩之外，還有現場滿滿的自拍人潮。VR 也有助於展示出藝術品的實際規模和莊嚴感受，這是一般 2D 圖片所無法感受到的。當然，這種虛擬體驗與在畫廊或博物館中漫步的真實樂趣並不相同，但如果將它視為把藝術和文化帶入生活的方式之一的話，這些虛擬體驗真的是非常棒。

虛擬動物園

虛擬動物園保證可以讓觀眾比現實生活中的動物園，更「接近」籠子裡的動物，而且可以讓觀眾以沉浸、安全的方式與動物互動。範例之一來自於 2020 年發布的 Zoo World（動物世界）VR。這項 Intentio 教育遊戲工作室（Intentio Education Game Studios）製作的 VR 體驗，可以把用戶帶到世界各地，讓用戶看到並了解不同的當地物種。把動物園體驗與遊戲相結合後，用戶還可協助動物完成一系列以「環境」為主題的任務。

就像現實生活裡的博物館一樣，現實生活裡的動物園，也開始創建自己的 VR 和 AR 體驗。英格蘭切斯特動物園建立了一款名為 Wilderverse（野生宇宙）的 AR 應用程式，可以把你的家庭環境變成叢林，讓你與猿類互動並參與保護任務挑戰。在新冠病毒大流行期間，當動物園暫時關閉時，切斯特動物園還建立了一系列「虛擬動物園日」，並在社交媒體和 YouTube 上直播了一整天的有趣活動。

虛擬主題公園

沒錯，你現在就可以戴上 VR 頭戴式設備，體驗主題公園的各種遊樂設施，而且完全不必從沙發上站起來。墨西哥軟體開發商 EnsenaSoft 的 VR 主題公園遊樂設施體驗，集合了三個主題公園的內容，可以體驗 12 種遊樂設施：從溫和的咖啡杯、摩天輪等遊樂設施到經典的雲霄飛車都有，完全不必排隊等候購買門票、玩遊樂設施或買熱狗。事實上已經有許多不同的 VR 雲霄飛車應用程式、遊戲和體驗，包括 RollerCoaster VR Universe，它的雲霄飛車可以穿越各種不同環境，包括外太空和水下世界。

讓真實世界的景點更具沉浸感

就像在家裡坐著玩虛擬主題公園一樣，現在你也可以到現實生活中的主題公園裡，享受 VR 體驗。換句話說，當你買票進入實體的主題公園或景點時，VR 是被用來強調娛樂趣味與增進遊戲體驗的因素。因為這些地點本身就以 VR 作為主要號召，而非額外強化娛樂之用。讓我們看看實際應用的範例。

VR 作為主要吸引力

我的家鄉米爾頓凱恩斯（Milton Keynes）有一家 Vertigo VR 娛樂中心，是我兒子現在生日時的首選之地。這家娛樂中心被稱為「網路運動中心」（cybersports hub），裡面像一個 VR 競技場。你可以在這裡玩各種 VR 遊戲，以及一些以動態、聲音和風吹的 VR 運動艙（還有其他類似運動），讓你感覺自己正在天空翱翔。這裡還有一座 5D VR 電影院，裡面有移動的椅子，以及水、煙霧等這類真實的效果。

其他各地也已經開放了許多完全著重在 VR 的主題公園，例如位於中國西南部的 VR Star 主題公園，或自稱是世界上「最大的 VR 公園」的杜拜 VR 公園。兩者都提供種類繁多的 VR 遊樂設施、各種遊戲和體驗。我們在未來將會看到越來越多這類 VR 娛樂空間，在這些更立體的遊戲中，娛樂也會變得更加有趣和身歷其境。

VR 強化的遊樂設施

傳統主題公園現在也開始把 VR 元素融入他們的遊樂設施中，例如在現有的雲霄飛車、自由落體或滑水道等設施，加入 VR 的體驗。舉例來說，佛羅里達州奧蘭多海洋世界著名的 Kraken Unleashed（釋放海妖）雲霄飛車上的乘客，都戴上 VR 頭戴式裝置以強化傳統的雲霄飛車體驗。除了所有常見的轉圈、轉彎和拉扯胃部的驚險刺激外，VR 頭戴式設備還將遊客帶入與主題動態配合的數位水下世界。

現在甚至還有 VR 滑水道。是的，你沒看錯！我們現在已經可以將這種精密技術與大量的水結合起來。例如德國的艾爾丁溫泉樂園（ Therme Erding）裡就有一個 VR 滑水道，借助特製的防水 VR 頭戴設備，當遊客滑下水道並沿滑水道前進時，就可以悠遊在不同的虛擬環境中。

這些結合實體遊戲的例子聽起來可能有點瘋狂，不過我們可以思考一下，這種將 VR 添加到現有遊樂設施的做法，具有良好的商業意義。因為它可以為主題公園提供一種吸引遊客的新玩法，而不必支付改建或安裝新遊樂設施相關的巨額成本。不過在遊樂設施添加 VR 元素，並非全無困難。例如分發、收回和清潔這些頭戴式裝置相當花時間，而且遊客排隊等待的時間也會增加，因為遊客們需要額外的時間來戴上並調整頭戴式裝置。還有，如果 VR 視覺效果與實際移動不同步時，可能也會遇到技術上的挑戰。當然如果做得好的話，這些體驗確實可以用一種新奇的方式，把虛擬世界和真實世界融合在一起，讓遊客興奮不已。而且可以吸引他們不斷回訪主題樂園，以獲得與眾不同的、且容易更新的體驗。

Hado

談到融合現實生活和虛擬娛樂的主題時，絕對不能忘記世界上第一個實體電子競技運動 HADO[註]。這是整本書中我最喜歡的例子之一，HADO 本質上是把「躲避球」類型的競技運動，加入 AR 元素。雖然到現在我都還很喜歡躲避球運動，不過這種在真實場地上，為玩家配備虛擬能量球和盾牌的玩法，將躲避球遊戲提升到了全新的層級。

換句話說，當我們到了實體的 HADO 競技場（本書撰寫時，已經有 60 個 HADO 競技場遍布在 15 個國家了），就可擁有一生當中最好玩的躲避球遊戲！你可以進行一對一、二對二或三對三的比賽，獲勝目標是用能量球盡可能的擊中對方球員，耗盡他們的「生命值」，並在每場比賽的時限內獲得積分。在比賽中也可以用盾牌保護自己，不過盾牌被對方球隊的能量球擊中時，防護力會逐漸減弱。HADO 甚至還有各種比賽和錦標賽，包括 HADO 世界杯和 Pro HADO 聯賽。

這種體驗真正聰明之處，在於玩家擁有常規躲避球中的移動自由，參賽者不必被侷限在遊戲系統、控制器或電線長度範圍內；他們只需要一個頭戴式裝置，以及一個戴在手腕或前臂上的小型運動感測器。HADO 是由日本新創公司 Meleap 所創立，雖然它應該是第一個實體電子競技項目，但我敢肯定它絕對不會是最後一個。體育運動與擴增實境（甚至虛擬實境）技術相結合，創造出身歷其境的新運動，在未來很可能是具有高度成長潛力的領域。

這個運動剛好把我們帶到體育運動中的 VR 和 AR 世界。

 波動拳 hadoken 的縮寫，是快打旋風電玩遊戲所使用的氣功。

XR 在運動中的應用

XR 技術也進入體育運動的許多方面，不論是球迷參與和觀賽體驗，或在比賽中確定判決和運動員訓練等（我在第 6 章中簡要介紹過）。事實上，正如我們即將在本節所見，VR 和 AR 已經廣泛應用於一系列運動中。

賽內技術

如果你曾經看過網球比賽（例如我就是溫布登網球賽的忠實球迷），可能就很熟悉「鷹眼技術」（Hawk-Eye ）所提供的網球軌跡 3D 顯示，以確保裁判的判決正確。這不僅可以造就公平的比賽，還能為比賽增添額外的興奮和懸念。就我的觀賽經驗來說，當某項判決被提交給「鷹眼」進行確認時，球迷們都相當期待。這項技術還可用來在螢幕上疊加虛擬圖形，建立例如球員反手拍的綠幕分析等畫面。

幾乎任何類型的運動，都可以用 AR 疊加例如球的軌跡、戰術走位和場景的數位顯示，以解釋球場上剛剛發生的事情，提前預告接下來可能發生的事情。事實上，專家和運動評論員多年來，一直在使用這類作法的雛形，也就是將簡單的箭頭和圖形，投射到真實畫面裡移動的鏡頭上。

你看過電視轉播的美式足球比賽中，投射到球場上的那條「黃線」嗎？這就是 AR 的實際應用。這條神奇的黃線標誌著獲得下一輪首次進攻機會的十碼線（first- down line）位置，讓在家裡看球賽的觀眾，更容易看出哪些進攻是成功的，無須等待裁判或球評確認。這條黃線是由體育廣播技術的領導者 Sportvision 公司所開發，在 1998 年首次使用，立刻成為備受矚目的 AR 早期用途之一。現在的觀眾已經習慣在螢幕上看到那條黃線，而且可能會讓到場觀看真實比賽的體驗，變得非常奇怪，因為實際場地上並沒有這條黃線。

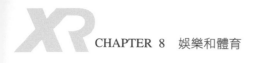

提升運動迷參與度和觀賽體驗

雖然在家看比賽可能沒有在體育場看比賽那麼有氣氛，但只要加上一些互動的虛擬元素，觀眾一定可以享受到比以前更多的體驗。所以 VR 和 AR 除了更容易追蹤動作（例如我剛才提到的黃線範例）外，還有助於加深運動迷的參與度。

在足球（soccer，即英國稱之為 football 的運動）比賽中，球隊開始嘗試使用 360 度攝影機，讓在家裡的觀眾有機會從球場的不同位置觀看比賽，就好像他們真的在球場中一樣。舉例來說，英國電信公司旗下 BT Sport 的客戶，現在可以透過 BT Sport 應用程式，以 360 度 VR 來觀看精選的英超聯賽直播和精彩畫面集錦。如此便創造出一種獨特的觀看體驗，因為觀眾可以從球場內的不同視角環顧四周，不會受限於固定的攝影機位置。未來，你甚至可能讓自己站在球場上的球員位置觀看球賽，舉例來說，從守門員的位置觀看罰十二碼球。我相信這一定會是觀看體育賽事的未來發展。

同樣在籃球領域裡，NBA 也有一個 Magic Leap 應用程式，讓球迷可以在 AR 中觀看現場比賽、重播和精彩片段，並且可以看到諸如球隊和球員統計資料比較等「互動」功能。根據 NBA 的說法，這項計畫的目的是讓體育運動更具互動性，並且吸引更多年輕球迷。NBA 還與 TNT、英特爾的

True View VR 技術合作，建立籃球比賽的 VR 轉播。擁有相容頭戴式裝置的球迷，只需在 TNT VR 應用程式上下載 NBA 賽事即可觀看。

從其他方面看，AR 可用於讓球迷以數位方式觀看「無觀眾」的比賽。因為在 COVID-19 病毒大流行期間，當球迷無法進場觀看足球比賽時，在那種安靜、空曠的體育場內踢球對球員來說，感受一定非常奇怪。倫敦公司 OZ Sports 相信其 AR 和 AI 技術可以解決這個問題。它的 OZARena 產品可以讓球迷「出現」在比賽中（當然是數位分身的方式）。球隊或電視台也可以把觀眾頭像疊加到空座位上，或者選擇只出現聲音選項，在現場即時廣播球迷的歡呼聲，營造出聲音嘈雜的人群效果。

而對於有幸親臨現場的球迷來說，場內的體驗也可以透過 XR 得到提升。例如達拉斯牛仔隊建立了一種「與職業選手合照」（Pose with the Pros）的 AR 體驗，而且可以由球場內的球迷啟動體驗。這項體驗基本上是一個巨大的互動式螢幕，球迷可以選擇最多五位他們喜歡的達拉斯牛仔隊球員，與他們合影。在首次推出 AR 體驗後，球隊報告說這項體驗已經在社交媒體上出現了超過 5,000 萬次的分享。

改善訓練過程

AR 和 VR 都可用於建立自行定義的訓練過程，訓練相關數據也可以使用 AR，以有趣的新方式加以視覺化，還可以使用 VR 模擬逼真的訓練和場景（甚至模擬對手）。

事實上，許多運動隊伍都在 XR 技術上投資了幾百萬美元，讓運動員的訓練過程可以改善和多樣化，這種作法在美式足球中尤其普遍。著名的

NFL 職業隊和大學球隊，例如達拉斯牛仔隊、新英格蘭愛國者隊、坦帕灣海盜隊和范德堡大學等，都使用 VR 進行訓練，其優點是球員無須踏上球場即可模擬訓練。VR 也可用於模擬實際比賽條件（例如對手隊伍），因而有助於提高訓練效果。

EON Sports 成立於 2013 年，是運動訓練應用領域中最成功的 VR 開發商之一。我剛才提到的那些足球隊，都是使用 EON Sports 的技術來建立逼真的訓練模擬。這些模擬可以讓玩家與虛擬對手進行練習，虛擬對手也被複製為真實對手的比賽風格，基本上可以用來在實際比賽前幾天，與即將對戰的對手進行一場模擬訓練。像這樣的模擬訓練技術，必須將 VR 頭戴式顯示器與體育運動設備（例如球、安全設備，或者棒球比賽的球棒等）相互結合。

新的運動和新的比賽？

正如前面所說，VR 和 AR 可用於讓運動迷更接近運動現場。但它也可能帶來新的電子競賽（例如前面提過的 HADO）和新的比賽形式，甚至還可能讓運動迷可以跟他們最喜歡的職業選手同場競賽。

有個絕佳的例子是來自 Formula E（電動方程式賽車）的 Live Ghost Racing（即時幽靈賽車）體驗。車迷可以在世界各地的虛擬街道上，即時與現實生活中的 Formula E 賽車手進行比賽。還有 EchoARena VR（VR 競技場）遊戲，這是一款多人零重力遊戲，有點像足球和魁地奇的混搭（沒有飛天掃帚）。這種電子競技可以讓玩家玩各種虛擬遊戲，但其中涉及到很多物理概念，因而創造出一種未來可能風行的運動、鍛鍊和遊戲的混合體。

音樂與表演藝術的 XR 應用

藝術家和娛樂公司不得不尋找新的方法，讓音樂節和演唱會現場物超所值，提供樂迷所需的獨特體驗。而且正如我們將談到的這些經驗所示，VR 和 AR 可以透過多種方式，為現場表演提高附加價值。

XR 強化現場表演

參加「Experience + Innocence」（經驗與天真）巡迴演唱會的 U2 歌迷，可以透過舞台上 80 英尺高的螢幕，獲得一種融入 AR 的體驗：只要將智慧型手機鏡頭對準螢幕，歌迷便會看到了一個用亮藍光線勾勒出巨大的波諾（Bono、U2 主唱）立體投影。魔力紅（Maroon 5）則在特定幾場演唱會上，提供一種「現場 AR 卡拉 OK」的體驗，這是較為特別的作法。歌迷可以使用特殊的 Snapchat 鏡頭，拍下自己在演出期間一起跟著歌手唱歌。還有阿姆（Eminem） 在科切拉音樂節（Coachella）演出時，歌迷只要下載一個 app，便可同時觀看舞台上的歌手演出與配合歌詞的動態圖像（例如大刀砍下來）。

雖然在音樂表演現場使用 AR 體驗仍屬於早期階段，然而這些範例展示了 AR 如何協助歌手依據整體表演活動為概念，在演出期間營造令人興奮的感受，並與觀眾建立更深層次的互動聯繫。如果願意的話，你也可以把它想像成 21 世紀版本的「人群衝浪」（crowd-surfing[註]）。

註 在演唱會裡的歌手或某位觀眾被抬起來，人群以手輪流支撐此人移動，就像衝浪一樣；通常可以大幅帶動現場氣氛。

有些劇院也在嘗試使用 VR 和 AR，為現場的劇院表演帶來額外的擴展空間。一個非常有趣的例子是來自 SOMNAI，這是一種屢屢得獎的「沉浸式劇院」體驗，將 VR 與現場演員在實體場景中結合。「清醒夢」（lucid dreaming）體驗位於 20,000 平方英尺的倉庫中，現場會提供觀眾穿上睡衣，讓觀眾沉浸在 VR 夢境中。這種體驗包含多元感官元素（包括聲音），也有演員作為夢境導遊。

另一個較低技術的範例，來自我和家人在米爾頓凱恩斯當地舉辦的聖誕默劇表演所得到的 3D 體驗。當節目進行到某個階段，每個觀眾會被邀請戴上 3D 眼鏡，進行一次小小的 3D 體驗。雖然這跟流暢的 VR 體驗完全不同，但它確實為現場劇院增添一個好玩的額外樂趣，我的孩子們都很喜歡。我們應該可以在未來，看到虛擬元素添加到各種劇院體驗中，甚至還可以讓觀眾坐在家中，身歷其境的欣賞演出（後面還會談到更多相關內容）。

還有那些可以讓惠妮·休斯頓（Whitney Houston）和巴迪·霍利（Buddy Holly）等歌手起死回生的「全像表演」。很多人可能認為這只是一時流行（事實上，我也不相信全像表演會有更大的發展）。也有人則認為這種做法令人毛骨悚然或有點不尊重死者。不過它突破了虛擬表演的做法，也就是歌手本人不必真的在演唱會現場，甚至不一定要活著，都還能舉辦演唱會……

虛擬演出

我們已經看過如何使用 XR 來擴增舞台上的演出。如果歌手進行「虛擬演出」呢？多虧 VR，現在已經辦得到了。

在一個引人注目的例子中，廣受歡迎的《要塞英雄》遊戲（我在第 5 章中曾經提過），已經開始在平台上舉辦虛擬演唱會，並有幾百萬玩家在遊戲中觀看。到目前為止，包括著名的電音 DJ 棉花糖（Marshmello），以及說唱界超級巨星崔維斯．史考特（Travis Scott），都在《要塞英雄》進行過虛擬演出，我們可以期待該平台在將來會舉辦更多活動。在史考特表演日期到來之前的日子裡，遊戲中的玩家可以看到正在搭建中的舞台，有史考特的充氣大頭圍繞著舞台，這種做法當然有助於在演出前就引起轟動。而當演出正式開始時，一個巨大的史考特在遊戲島嶼周圍跺著腳，陪伴這些興奮的玩家。整體的視覺效果也會隨著不同的軌跡而變化（例如把史考特變成機器人），並且在某個時刻，還讓整個人群都被淹沒在水下。雖然整場演出只有短短的 15 分鐘，但確實很受歡迎，一共有 1,230 萬玩家參加了這場虛擬演出，令人留下深刻的印象。

還有 MelodyVR，這個應用程式可以為歌迷創造沉浸式的 VR 音樂表演。該平台在疫情大流行期間，舉辦了一場免費的「來自洛杉磯的現場直播」（Live from LA）系列音樂會，完全在洛杉磯一個空蕩蕩的攝影棚裡上演，由約翰．傳奇（John Legend）領銜主演。觀眾可以使用他們的 VR 頭戴式裝置或智慧型手機，虛擬的參加這場音樂會，並能感受他們是與約翰．傳奇待在同一個空間中。當 COVID-19 病毒大流行開始時，MelodyVR 舉辦的音樂會數量是去年同期的 10 倍，應用程式的下載量則增加了 1,000%，證明了觀眾對虛擬直播表演的肯定。

法國電子音樂作曲家尚 - 米歇爾．雅爾（Jean-Michel Jarre）也是 VR 音樂會先驅者之一。在 2020 年的一場直播音樂會上，以 VR 頭戴式裝置觀看的觀眾，可以透過他們的虛擬頭像進行互動。而且為了強化雅爾常用的迷幻節奏和燈光秀，觀眾還可以服用虛擬「藥丸」，讓螢幕變色。這是真的，你甚至可以在數位音樂會上服用數位毒品。

當直播音樂會成為一種更常見的演出形式後（無論是否流行），我們可以期待藝術家使用 VR 來作為與觀眾聯繫的另一種方式，讓觀賞體驗更加愉快，還能拉近觀眾的距離。

現在來看看完全不同的東西：成人娛樂

無論你對色情有何看法，應該都無法否認「成人娛樂」行業是一項大生意（2019 年估計產值為 350 億美元）。如果我寫娛樂中的 XR 卻不談論成人娛樂的話，將是我的失職。所以，請大家振作一下；讓我們看看 VR 是如何被這個行業和用戶熱情的採用。

VR 色情片和虛擬性愛

請打開 PornHub（好吧，也許不要在你的工作電腦上開啟。[註]），你會發現有一個專門的分類，也就是正在快速成長中的「VR 色情影片」。但究竟什麼是 VR 色情內容呢？其實就是使用 VR 頭戴式裝置，讓你沉浸在 3D 且 360 度的色情片中，場景可以設置在一系列不同的環境中（例如在

註 全球最大色情影片網站。

樹林裡、在餐廳等公共場所中，想得到的都有）。因此，你可以完全轉移到另一個環境，而不用像以前一樣只是盯著螢幕。

甚至還出現了一系列的相關硬體，目的在於強化 VR 中觀看色情片的各種模擬體驗，例如 KIIROO 的 TitanVR，這是一種「互動式振動敲擊器」，透過添加觸摸的感受，將 VR 色情體驗帶到了新的境界。其中最有趣的便是它可以跟其他設備連線，也就是說你可以透過自己的設備，真正感受到虛擬伴侶的各種所為，例如 VR 性愛。或者你也可以單獨使用，並與幾千部可以同步到撫摸設備的色情影片結合使用。還有一種 Virtual Mate（虛擬伴侶），它結合了自慰套和逼真的虛擬情人（用戶可以透過智慧型手機或 VR 頭戴式裝置在螢幕上觀看）。虛擬情人也被編碼為與自慰套同步，能夠配合用戶的動作和速度做出反應。

此外，你甚至也可以在現實生活中的妓院環境裡，與矽膠娃娃進行 VR 強化的性愛。在捷克的淘氣港妓院裡，顧客可以戴上 VR 頭戴式裝置，播放他們最喜歡的色情明星影片，並與矽膠娃娃做愛。

性愛的未來？

正如我在第 3 章中提到的，VR 性愛並非沒有它的（請原諒我的表達方式）特殊問題點。例如用戶很可能在不知情的情況下，與現實生活中的「真人」數位分身進行 VR 性愛，這點光是想起來就很可怕。

VR 性愛也可能會影響我們在現實生活中的各種關係，因為我們還在努力重新定義哪些情況可以接受、哪些不行。舉例來說，有的人可能並不在乎他們的另一半觀看一般色情影片，但如果對方沉浸在 VR 色情影片中，並與另一位連線的伴侶進行虛擬性交，甚至帶有觸摸的感覺呢？如此的虛擬性交會被視為背叛嗎？什麼樣的概念可以檢驗另一半是否忠誠（或不忠誠）呢？未來的夫妻可能會發現自己不得不劃定界線，這是過去的夫妻所無法想像的。

使用 XR 進行社交

對於許多人來說，忙碌生活中所獲得的短暫休閒時間，可能都花在了社交媒體上。因此許多公司將 VR 應用到社交媒體方面，建立了 VR 社交平台。用戶可以在此平台上閒逛、玩遊戲，並在整合的數位空間裡，與遊戲夥伴們的數位化身進行社交。聽起來有點熟悉？因為這就是 Facebook 的 Horizon VR（地平線 VR）社交平台背後的想法，也就是我在第 4 章曾經提過的。Facebook 當然不是唯一一家涉足 VR 領域的公司。

在社交場所聊天

讓我們看一些其他 VR 社交平台的例子。VRChat（VR 聊天）是一個 VR 社交平台，用戶可以使用 3D 聲音和嘴型同步的數位化身頭像，互相玩遊戲、閒逛和聊天。用戶有權在此建立自己的社交世界，根據 VRChat 統計，由社群建立的世界已經超過 25,000 個。另一個名為 Bigscreen（大螢幕）的社交平台，其目的在於複製與朋友一起看電影的體驗，即使大家都在不同的地方也可以。你可以在 Bigscreen 與來自世界各地多達 12 位朋友，一起參加虛擬電影之夜、開派對或遊戲之夜，該平台目前可相容 50 幾家串流影片服務。

AltspaceVR（替代空間 VR）讓用戶可以在家中與朋友一起參加與 DJ、喜劇演員、作家所提供的免費現場活動，平台上也有互動遊戲可以玩。此外還有 Sensorium Galaxy（感官銀河），這是一個頗具雄心壯志的社交平台，試圖建立一個全數位的替代宇宙。事實上，使用 Sensorium 時，俱樂部成員可以戴上頭戴式裝置，跟網路空間裡的其他俱樂部成員一起跳舞，甚至還有現場 DJ。該公司與西班牙伊比薩島一些大型夜總會的幕後團隊合作，在 Sensorium Galaxy 建立了一個專門播放電子舞曲，非常前衛的虛擬俱樂部。

你也可以在 VR 中建立自己最喜歡的酒吧或酒館。英國人特里斯坦・克羅斯（Tristan Cross）在疫情封鎖期間非常想念當地的酒吧，於是他在 VR 中重建這家酒吧。當然他必須學習如何建構 3D 模型，所以他透過 YouTube 學習，然後花了兩個半星期，蓋出了令人印象深刻的虛擬酒吧。他甚至錄下了與朋友的電話對話，然後在虛擬酒吧中使用數位化身，讓他們喝酒聊天來重現這場對話。

虛擬禮拜

如果我們可以在虛擬空間裡閒逛，那為何不去虛擬教堂呢？牧師 D.J. 索托（D.J. Soto）正在透過自己的 VR 大型教堂，將這種想法付諸實踐，這所教堂可以讓成員在虛擬空間中進行禮拜。早在 2016 年，索托受到 Altspace VR 平台的啟發，他辭去了當地教堂的牧師工作，著手開始建立自己的高度包容性虛擬教堂。結果，這所可以讓大家在 Altspace 上參加禮拜的 VR 教堂，成為了第一個只存在於 VR 中的教堂。

索托認為虛擬教堂是目前受到出席人數下降困擾的教堂，可以轉進的出路之一。尤其目前頭戴式裝置變得更便宜的情況下，還可以作為一種歡迎過去那些不喜歡傳統教堂的信徒，重新參加禮拜的方式。這是一個非常有趣的想法，你可以在前一天觀看 VR 色情片或進行 VR 性愛，然後在第二天參加 VR 教堂的禮拜？然而，這也證明了 XR 最後一定會進入我們日常生活的各種層面。

展望未來，我相信 VR 社交平台將會遠遠超越單純的社交空間，成為擁有完全數位化的一種「替代世界」的平台，用戶可以在其中參加音樂會和舞會，觀看自己最喜歡的球隊比賽，玩各種無重力足球（或其他電子運動），與朋友聊天甚至做愛等。就像電影《一級玩家》一樣，我們可能會發現自己會在空閒時間戴上 VR 頭戴式裝置，進入一個可以在數位空間中，盡情享受所有嗜好、社交活動和互動的一個虛擬世界，我們可以成為自己想成為的任何人，做任何想做的事，這很可能就是娛樂事業的未來。

我們可以從娛樂和體育當中學到什麼呢？

無論企業是否在體育或娛樂領域開展業務，企業領導者仍然可以從這些實際案例中學到一些有趣的經驗，主要的學習重點包括：

- XR 很明顯的提供了一種對於你的關鍵產品，建構出各種附加內容的新方法。各位可以思考一下迪士尼的 VR 體驗是如何建立在迪士尼故事和角色上；新聞媒體如何透過沉浸式影片，強化其新聞報導；還有主題公園如何將 VR 疊加在傳統遊樂設施之上。這種方式並不是讓 XR 成為你的主要產品或主要吸引點。更重要的是，它是一種為客戶增加「額外價值」，並讓他們維持更長參與時間的方式。

- 切勿忽視虛擬實境或擴增實境強化內部業務流程的潛力。例如我提過的電影導演和動畫師使用 VR 來「穿行」在場景之間，而不是在螢幕上觀看平面的 2D 圖像。舉例來說，VR 可以讓你的技術人員和工程師，在進行器材維修或維護之前，預先虛擬瀏覽過整個系統。或者正如我們在第 6 章所見，也可以建立身歷其境的員工培訓和教育體驗。

- 請記住 XR 不光是創造一種脫離真實世界的數位體驗，事實上，它還可以讓真實世界的體驗更加吸引人且令人愉快，例如主題公園和 HADO 競技場等。理論上，幾乎任何真實世界的客戶體驗，都可以透過 AR 或 VR 得到強化。例如購物、與朋友在酒吧閒晃（還記得第 5 章的 VR 雞尾酒嗎？）、一起看電影等。只要你想得出來的，應有盡有。

本章總結

我們在本章學習到以下重點：

- VR 最初是在遊戲中開始流行，此後幾乎被所有形式的娛樂和運動廣泛採用，包括電影、博物館、藝廊、主題公園、音樂、戲劇、社交媒體，甚至色情業等。

- 娛樂業對 VR 技術進行了巨額投資，使其成為 XR 革命的重要關鍵，帶來誘人的商機。

- 雖然 VR 和 AR 體驗無法完全取代傳統的體育和娛樂形式，但它們一定可以讓它們更加身歷其境、更具吸引力和更容易造訪。因此，無論你為了好玩而想做什麼活動，都可能會有（或很快就會出現）AR 或 VR 的強化版本。

- 更重要的是，由於 XR 的出現，全新的娛樂形式正陸續被創造出來，例如把現實生活中的演員與 VR 影片相互結合的沉浸式劇院體驗，或者將 VR、AR 圖形與現實生活中的物理運動相互結合的電子競技比賽等。

遊戲和電影製作等行業比較可能不斷採用新的技術。不過，房地產和建築等看似更傳統的行業呢？正如我們即將在下一章看到的，他們也都採納了 XR 技術。

參考來源

1. 娛樂市場的虛擬實境；Jasoren；https://jasoren.com/virtual-reality-for-the-entertainment/

2. 虛擬實境遊戲市場規模、份額和趨勢分析報告；Grand View Research；https://www.grandviewresearch.com/industry-analysis/virtual-reality-in-gaming-market

3. 擴增實境手游應用綜合研究；Advance Market Analytics；https://www.advance-marketanalytics.com/sample-report/101677-global-augmented-reality-mobile-games-market

4. 粉絲們興奮地「與專業人士合影」；達拉斯牛仔隊；https://www.dallascowboys.com/news/fans-excited-to-pose-with-the-pros

5. 超過 1,200 萬人參加了 Travis Scott 的《要塞英雄》音樂會；The Verge；https://www.theverge.com/2020/4/23/21233946/travis-scott-fortnite-concert-astronomical-record-break-player-count#:~:text=Share%20All%20sharing%20 options% 20for,attended%20 Travis%20Scott's%20Fortnite%20 Concert&text=Travis%20Scott's%20 first%20virtual%20 performance,it%20also%20broke%20a%20record.

6. Napster 的新老闆想要打造一種新型的音樂串流媒體巨頭；滾石；https://www.rollingstone.com/pro/news/melodyvr-buys-napster-streaming-service-1049716/

7. Absolute Market Insights 表示，2019 年全球線上色情市場預計為 351.7 億美元，預計在預測期內以 15.12% 的複合年成長率成長；Cision PR Newswire；https://www.prnewswire.com/news-releases/covid-19-update-global-online-porn-market-was-estimated-to-be-us-35-17-billion-in-2019-and- is-expected-to-grow-at-a-cagr-of-15-12-over-the-forecast-period-says-absolute-markets-insights-301043437.html

8. 為何我要在虛擬實境中重建當地的酒吧；BBC News；https://www.bbc.com/news/av/technology-52833546

9. 這位牧師將信仰寄託在虛擬實境教會中；Wired；https://www.wired.com/story/virtual-reality-church/

9

房地產和建築

雖然我在上一章已經談過遊戲業，但請讓我從一個簡短的遊戲範例開始本章的內容。就在我們認為萬物皆可作為遊戲時，Landlord GO（房東 GO？也許是受到寶可夢 GO 的啟發？）出現了。這是一款基於 AR 的遊戲，讓用戶可以購買、出售和收取身邊四周真實世界房產和地標的租金。（這款遊戲的開發商 Reality 表示，這是第一款使用真實建築和真實價格來建立逼真的、由數據驅動的房地產遊戲，一款真實世界的 AR 遊戲。）

這個遊戲巧妙的讓我們了解到 XR 技術在房地產領域方面的應用，確實可以涵蓋從「行銷和物業」到「設計和建造建築物」的各個層面。

尤其對於房地產經紀人來說，VR 已經被證明可以改變遊戲規則，因為它可以讓買家透過身歷其境的 3D 導覽，從世界各地查看房產。即使客戶沒有自己的頭戴式裝置，代理商也可以邀請他們來辦公室享受這趟虛擬之旅，讓客戶無須開車跑遍全城，即可查看多個物業（隨著 VR 頭戴式設備變得越來越普遍，我預估以後有越來越多人，會想在自己家裡舒適的沙發上進行虛擬賞屋之旅）。這些虛擬賞屋之旅，為房地產經紀人及其客戶節省了大量時間。而「沉浸式」的體驗性質，甚至還有助於與客戶建立更深層次的情感聯繫，而非僅僅是看照片或平面圖而已，所以也更能好好的了解房子。更重要的優點之一，就是讓客戶可以在虛擬版本的房地產中，依自己的空閒時間來賞屋，或甚至因喜歡而多次探訪同一間房子，完全不會讓地產經紀人發瘋。換句話說，VR 有助於「緩解」與找房子相關的許多「痛點」，例如花費大量時間在不合適自己的房地產上、開車看屋的長途哩程、試圖看懂房子的平面圖等。用 VR 賞屋反而可以把找房子的過程，變成更多引人入勝的事物，並能夠身歷其境與互動，完全不會浪費仲介的時間。

正如我們將在本章中見到的，一些規模較大的房地產代理商，已經開始採用 VR 賞屋來改善客戶體驗並提高效率，這種做法無疑會排擠掉較小的地產商（建立虛擬賞屋之旅，真正需要的是該物業的全景照片，以及可以使用 GoogleVR 的 Tour Creator（旅遊建立程式）之類的工具，或與 VR 旅遊專家合作，把這些照片變成虛擬賞屋之用。）

事實證明 AR 在房地產領域也相當有用，尤其是在房子的虛擬呈現，或是為租屋者提供沉浸式的虛擬導覽方面。這些用途的目的同樣是在改善客戶體驗，並且可以讓購買或租賃物業的整體體驗更輕鬆。不久的將來，如果仲介因看屋時間衝突無法親臨導覽時，我們甚至可能會看到「數位房地產經紀人」，透過 AR 眼鏡來引導我們參觀房屋。各種圖片和文字可能會即時出現在買家視野中，告訴他們這是全新的大理石檯面，或客廳有最先進的音響系統等。這樣客戶就可以自己探索房屋，而不會錯過該房產的所有賣點。

建築和工地方面，也都開始更廣泛的使用 XR 技術。在建築領域方面，VR 已經讓建築物的 3D 模型栩栩如生，並且可以為客戶提供更加身歷其境的各種視圖，讓客戶審查批准的過程更加容易，還能讓客戶對設計方面有更深入的了解（因為他們可以「走進」還要很久才會蓋好的房子裡）。

而在建築工地方面，AR 也有助於提高施工準確性、使工地更安全並簡化檢查的過程。如果想像一下建商和電工戴著 AR 頭戴式裝置四處走動，畫面看起來可能真的很奇怪。但請記住，AR 是基於現實，並不會模糊真實世界的視野；而是加以強化。因此 AR 更適合在繁忙的建築工地上使用，而非 VR，因為 VR 建立的是完全獨立的封閉環境（VR 更適合建築工人的培訓和教育，舉例來說，身歷其境的安全培訓課程）。

我預測 VR 和 AR 將在這些行業裡，發揮越來越重要的作用。它不僅適用於大型房地產機構和大型建築工地，還能適用於一系列獨立公司和小型建築項目。就像網際網路或 3D 建模一樣，XR 技術很有可能成為未來工作流程裡不可或缺的一部分。我們現在要先看一下目前在房地產和建築領域的一些實際用途。

XR 在房地產的使用

讓我們探索 XR（尤其是 VR）體驗，如何讓房地產行業為客戶提供更流暢、更輕鬆、更身歷其境的體驗。

第一太平戴維斯（Savills）：提供導覽式參觀和互動式物業之旅

當你購買房屋時，通常會先參觀幾處房產，然後再決定哪一間適合你。這在過去是一種相當費時的過程，而且不論是對你或對相關的房地產經紀人來說都是如此。如果你剛好必須在遠離目前居住地區尋找房屋時，情況就更複雜了。

我們可以透過 VR 進行虛擬房產導覽來協助解決這個問題，因為它可以讓購屋者虛擬參觀待售的房產，並沉浸在與現實生活中的房產完美相符的 3D 模擬演示中。大家應該很容易想像得到這種方式，必然可以讓購屋者和房地產經紀人更有效率的看屋。

這種虛擬房產之旅通常分為兩個陣營。一種是「引導式」VR 導覽，影片會以特定順序引導觀眾參觀房產（有點像標準的宣傳影片）。他們可以用相對簡單的 360 度影片形式，也可以是透過 VR 頭戴式裝置觀看的完整 VR 體驗。另一種則是「互動式」導覽，可以讓看屋者以自訂順序，選擇想要探索房產的哪些部分。在視野內選擇觀看某些「熱點」，然後自行決定要繼續看的下一個部分。當然後者這種經過事先規劃的互動體驗，製作成本更高、更複雜，因此目前並不如導覽式的 VR 看屋普遍。

我在第 5 章簡要提過像佳士得這樣的奢侈品供應商，已經以這種方式使用 VR 導覽。而在英國業界領先的房地產顧問公司第一太平戴維斯（Savills），也成為了首批使用 VR 行銷房地產的房地產經紀公司之一，他們還創造了一種流暢的 VR 體驗，來推銷價值幾百萬英鎊的豪宅。做法是先對房產進行掃描、拍攝和拍照後，建立引導式和互動式 VR 導覽，讓客戶可以詳細探索房屋。而且，這種虛擬體驗甚至包括聲音的部分，例如在房間裡熊熊燃燒的壁爐火光，或是花園裡鳥兒鳴叫的歌聲。當然大多數客戶在購買之前，仍會親自去查看房屋，不過這樣的工具可以讓我們只把時間花在真正感興趣的房地產上，而不是花大把時間在幾十個地點閒逛。

此外，第一太平戴維斯也一直在使用虛擬賞屋之旅來推銷「新建案」。這是使用 VR 的另一項優點，因為觀眾可以參觀尚未蓋好的建案虛擬版本，這種查看會比看 2D 平面圖和照片更有說服力。因此，這樣的虛擬賞屋之旅，可以徹底改變那些正在規劃中或目前還看不到成屋的房地產銷售情況。

物業的虛擬展示

如果你曾經看過完全空蕩蕩的房子，就會知道準確了解房間的真實規模，或家具應該如何擺置有多困難。這就是為何代理商通常更喜歡展示附帶家具的樣品屋，因為這種方式絕對更容易賣出房子。然而如果是目前無人居住的空屋時，並不一定都可以附帶家具一起展示，除非仲介願意花錢租一些家具來展示該空間。

這就是「虛擬展示」發揮作用之處。現在像 roOomy 和 BoxBrownie 這樣的公司，會對空置房屋的照片進行數位處理，並以各種不同風格的虛擬家具進行布置，例如工業風、農舍風或現代風格等，甚至還會用迷人的庭院家具來布置花園。這也開啟了房地產經紀人根據每個客戶的口味不同，為照片和 VR 導覽安排房產布置的可能性。雖然這在剛開始的時候，可能是為高級客戶所製作，但沒有理由不能將這種方式應用於所有客戶上。舉例來說，向年輕家庭展示房屋時，可以以數位方式放置嬰兒床、圖畫、玩具和更衣空間等；而遇到年輕的單身男客戶時，可以用現代感的家具和各種新式家電來裝飾。這一切都有助於出售與房產相關的「生活方式」，讓客戶體會居住其中的感覺。

前面提過房地產豪華品牌「蘇富比國際房地產」，他們也建立了自己的 AR 應用程式，同樣也是以數位方式，為空屋提供漂亮的家具（還可直接透過應用程式購買家具）。這款名為 Curate 的應用程式是與 RoOomy 合作開發，對於那些正在尋找室內設計靈感的「財大氣粗」者非常有用，但它同時也被蘇富比的房地產經紀人，用來展示空置房產並展示不同房間適合的家具。

各位可能還記得我在第 4 章提過 Matterport 的空間掃描軟體，可以用來建立各種極精確的 3D 數位漫遊。現在 Matterport 與英國的 VR 展示供應商 VRPM 合作，讓 Matterport 的 3D 模型能夠進行虛擬展示，專門用來創造出裝飾精美的住宅空間或商業內部空間。英國房屋建築商 Mulberry Homes 也是 Matterport/VRPM 服務的早期採用者之一。

就像我在第 5 章提到的宜家應用程式一樣，這個虛擬展示的創意也非常簡單，卻可以帶來令人難以置信的吸引力和效果。我很期待看到它將來會如何發展，舉例來說，我們可以在親自看房時戴上 AR 眼鏡，將自己的家具疊加到房子裡，看看實際的效果如何。

王國住宅協會與支援 XR 的物業管理

處理出租物業的房東和房地產經紀人，經常要花大量時間管理租戶，回答問題並處理日常維修問題。然而，從簡單的問題如「怎樣開啟恆溫器？」到重大的問題如「救命啊！鍋爐爆炸了！」之間，確實有很大的差別。

蘇格蘭住宅供應商「王國住宅協會」（Kingdom Housing Association）正在使用 AR 技術，將「簡單解決方案」與絕對需要「親臨現場解決」的事情進行分類。這項技術恰好就在新冠病毒封鎖之前實施（難以置信的巧合，因為保持社交距離，就等於無法因簡單問題親臨物業），而且可以讓專業操作員指導租戶完成簡單的例行維修。從本質上看，租戶可以讓技工虛擬造訪自己的家，並且在智慧型手機或平板電腦的協助下，即時查看問題並指導租戶如何解決問題。這項解決方案是由王國住宅協會、住宅諮詢公司 DtL Creative 和瑞典遠端指導軟體專家 XMReality 之間的合作。該住宅協會也報告了租戶的正面回饋，因此我們將來可能會看到更多這類應用。事實上，有許多日常維修和檢查，都可以在 AR 軟體的協助下進行。

此外，房東也可以建立 VR 體驗，向租戶提供詳細的虛擬說明。舉例來說，關於與房屋相關的公用事業服務如何運作等。如此一來，你可能就不必打電話給房東，而是戴上 VR 頭戴式裝置或下載應用程式，並在身歷其境的 3D 影片中觀看說明）。這些內容顯然需要花許多時間和金錢建立，但從長遠來看，一定可以節省大量時間與精力。因此對於管理大量類似物業或租戶流動率高（例如假期間的度假小屋之類）的住宅協會來說，可能會是個非常有用的選擇。

應用在建築師及其客戶方面的 XR

就像 VR 讓賣房子變得更容易的情況一樣，XR 當然也可以讓設計房子以及與客戶溝通方面，變得更為容易。因此，我們也開始看到越來越多建築師，使用 VR 來強化設計過程，並為客戶提供身歷其境的體驗，以便準確的展示空間外觀。再過一些時間，它一定可以改變設計建築物以及與客戶分享設計概念的傳統作法。

沉浸式協作

有了 VR 的協助，設計團隊可以一起創造和體驗創意，並從世界各地進行「協作」。這是沉浸式協作專家 The Wild 的目標，他們的軟體為建築師和室內設計師創造了一個共享的虛擬空間。換句話說，建築師可以看到同事們正在設計的內容，反之亦然。除了可以體驗大規模的協作設計，彼此還可以虛擬的見面。這項工具與 Revit 和 SketchUp 等 3D 建模設計軟體相容，因此建築師可以輕鬆導入現有的模型。

我覺得這個實際案例非常有趣，除了建築和設計之外，也可以應用於許多不同的行業上。如果仔細思考一下，成功的協作通常依賴於人們表達想法、觀看他人觀點和直接溝通的能力。像 The Wild 這樣的工具，便可對以上三個方面提供協助，因為它們可以即時將想法變為現實，並讓分散各地的團隊能夠更輕鬆的協同合作。

在 VR 中觀看 3D 模型

多年來，建築師一直都是使用 3D 模型進行設計，VR 的結合可以讓這些模型以全新方式呈現，讓團隊和客戶可以更詳細的體驗設計的各個層面。在使用 Enscape 或 IrisVR 等軟體時，建築師可以將他們的 SketchUp 模型，轉變為身歷其境的 VR 體驗。這也讓建築師和他們的客戶能夠更清楚的了解整個設計（後面還會提到更多內容），還可以在設計過程的早期，全面測試不同選項，看看哪些真正有用，哪些則不適合。透過這種方式使用 VR，便可以協助推動創新，鼓勵建築師嘗試各種新設計。

在新居落成之前參觀你的新家

我已經提過 VR 如何協助建築師以一種更加身歷其境的方式，將他們的概念傳達給客戶（詳見第 5 章提到的 Urbanist Architecture 範例）。讓我們更詳細的探討一下這個概念。

對於興建中的住宅（或商業地產），或是已完成大量改建工作（例如大規模擴建）的客戶而言，使用 VR 意味著他們可以在新空間落成之前就先進行體驗。他們可以更詳細的查看設計細節，並且在更早的階段就進行更改，從而節省時間和金錢。因為在建構過程中進行更改，一定會對工程進度和成本，產生巨大的影響。

與客戶一起使用 VR 也會很有用，因為不是每個人都懂得如何查看平面圖或 3D 模型，有能力在房子蓋好之前就想像出未來的樣子。不過只要藉由 VR 的協助，客戶就能真正走進設計之中，並且虛擬的「試用」這些空間。舉例來說，我和妻子最近想對廚房和浴室進行改造，這是一項相當龐大且昂貴的工程，我們當然想確保設計的方向沒錯。然而，雖然我覺得把設計圖的想像「視覺化」並不難，然而我的妻子卻不行。因此在同意設計決定之前，她需要從「內部看到」這些空間改造後的真正樣貌如何。

這點對建築師也有好處。一方面他們可以建立出更適合客戶的設計，來提高客戶滿意度（因為客戶能在流程早期體驗空間，並依此做出正確的決定）。VR 還可以讓客戶更有自信的簽署項目，加速客戶的審核流程。此外，VR 也可以讓建築師更深入了解客戶的優先事項，以及客戶將如何使用這些空間。舉例來說，當客戶能夠虛擬探索某個空間時，他們可能會注意到一些建築師不一定認為重要的細節。畢竟這是客戶的家，客戶本人一定比其他人更重視家裡的某些細節。

我喜歡這些 VR 體驗的地方在於它們可以用來展示房屋的外部和內部，不僅可以展示空間外觀，還可以展示身處其中的感覺（還記得本章前面說過壁爐和鳥叫的聲音嗎？）。我敢打賭，這種做法一定可以讓客戶在面對重大決定時，幫他們減輕許多顧慮和壓力。

建築業的 XR 應用

我們從施工前的規劃和設計開始，來到了施工過程本身。人們很容易將建築視為一種非常傳統的行業（例如世界上最古老的家族經營企業便是「金剛組 / Kongo Gumi」，這是一家成立於西元 578 年的日本建築公司），也不以創新而聞名，然而這種印象是錯誤的。建築業不斷發展並採用新技術，例如使用 3D 列印技術在幾小時內「印好」一間房屋，或使用無人機測繪建築工地等。這個行業也已經開始擁抱 XR 技術，尤其是 AR 方面，已經被證明是非常有用的視覺化工具。

將建設專案視覺化以提高準確性

在建築中如果發生錯誤，很可能會讓公司付出高昂的代價（無論時間上或金錢上）。因此建築業已經開始採用基於 AR 的視覺化工具，來提高專案項目的準確性。通常的做法會涉及到佩戴 AR 眼鏡或 AR 頭戴式裝置，將視覺效果疊加到建築工人在現實中的視野上面。舉例來說，AR 圖形可以準確顯示磚牆的位置，以及位於牆後的布線位置，如此便可為技術人員提供精確的即時圖像和測量結果。因此從根本上看，AR 可以讓施工人員更準確的了解正在建造中的項目。

這種做法跟「BIM」（建築資訊建模）的興起有關，也就是使用智慧 3D 模型，讓規劃和建造項目的過程更有效率。而 AR 可以將複雜模型變成易於理解的視覺效果，來強化 BIM 的使用，確保一切都能符合預期。我們甚至可以在 AR 中標示危險物品或危險區域等（接下來我會詳細討論「安全」的部分）。

已經有越來越多的公司正在將 BIM 與 AR 相互結合，使用與微軟的 HoloLens 頭戴式裝置相容的 Intellectsoft 等軟體，在現場實現這種 3D 規劃（事實證明微軟已經把建築業視為產品的重要市場，HoloLens 也被認證為基本防護眼鏡，甚至還能買到 HoloLens 安全帽）。然而我們依舊可能在沒有昂貴硬體的情況下來使用 AR。總部位於英國的工程、環境暨建築控制諮詢公司 MLM Group，他們使用了名為 WakingApp 的 AR 應用程式（已被 Scope AR 收購）來建立項目的 3D 模型。當團隊在建築現場時，他們可以在 MLM 自己的應用程式中查看模型，並將它們疊加在原始的 2D 藍圖上。

改善工地現場安全

儘管有非常嚴格的安全措施和規定，但建築工地仍是世界上最危險的工作場所之一（建築業在英國是第三危險的工作行業，其致命傷害率大約是所有行業平均水準的四倍）。由於建築工地是持續處於「動態」的地方，會不斷發生變化，而且每個工地都大不相同，因此幾乎不可能完全辨識出每個可能的風險和危害。

研究證明在工地安全規劃方面，使用 VR 可以讓專業人員在施工開始前，直觀的評估現場條件，找出可能的危險來協助提高安全性。更重要的是這些深具沉浸感的工具，可以在虛擬環境中模擬工地現場條件，因而讓它們比查看標準 2D 圖紙來說更為有效。同一項研究還發現「視覺化」技術，在沉浸式 VR 施工安全培訓和教育中非常有效，這種做法也相當合理（更多培訓和教育的相關範例，請參考第 6 章）。

在施工過程中，AR 將作為一種針對安全的視覺化工具來使用。由於建築工人當然不能使用沉浸式的 VR 頭戴式裝置，在現場遮擋住周圍的一切（這是相當愚蠢的行為）。然而 AR 眼鏡是透明的，工作人員可以隨時看到並與周圍環境互動，還能獲得疊加在真實世界中的額外數據。舉例來說，AR 眼鏡可以添加顯示出布線位置的圖形；或者當工人在現場某處看到真正的危險標誌時，AR 眼鏡會出現文字來解釋這裡的危險性，以及應該採取哪些安全措施。

檢查現場

建築工地必須經過一整套不同的嚴格檢查。這些在傳統上都是以非常類似的方式完成：檢查人員帶著計畫書或檢查表的列印表格到現場，手動檢查整個現場，一一拍照並填完所需文件。XR 技術具有強化這種過程的潛力。

SRI 國際研究機構的願景是開發出一種工具，用來提高現場檢查的效率。他們與日本建築公司「大林組」（Obayashi Corporation）合作建立了一套 AR 系統，該系統可以取用已使用鋼筋的 3D 訊息，並將其與 3D 建築的模型進行比較，以利辨識建築結構和原始規劃之間的任何「差異」（任何差異都可能意味著建築物的結構完整性受到破壞）。有了這套系統之後，原先需要兩個人力手動檢查的過程，已經變成更加簡化的流程，一個人力即可以輕鬆完成。舉例來說，原先要拿尺拍攝鋼筋的照片（標準流程），現在由 AR 系統自動擷取鋼筋直徑數據，並將結果與原先的建築規劃進行比較。難怪 SRI 國際認為 AR 具有檢查變異、節省時間、降低成本和提高安全性等諸多潛力。

我們可以從房地產和建築中學到什麼？

XR 在房地產和建築領域還處於相對早期階段，我希望本章已經展示了 XR 在這些行業裡，簡化流程、降低成本和提高客戶滿意度方面的巨大潛力。以下是我認為我們可以從本章學到的事：

- 首先，正如本章中的實際案例所示，VR 和 AR 可用來實現許多不同成果。舉例來說，協助地產業行銷、改進建築設計過程或提高建築工地安全性。當一項技術能以多種不同的方式應用時，使用策略就變得相當重要。無論你從事地產業或建築業，都需要明確界定想要透過 XR 完成的目標為何？換句話說，必須先了解你的目標，然後才能確定 XR 技術是否可以協助你實現這些目標。雖然對任何新技術來說都是如此，但仍值得在此再次強調。

- 當你處理任何房地產相關資料時，就是在處理敏感的個資（包括地址、租戶姓名等）。如果你的 XR 會涉及個資的蒐集和處理，就必須小心地保護這些資料，並確保不會被竊取或濫用。

- 我最喜歡 VR 可以成為「協作」工具的方式，我認為這點在建築和設計方面最具潛力。請認真考慮一下，VR 是否可以協助你的團隊在不同地點進行協作、共同創造事物，並且為產生新想法提供相關的情境。

本章總結

我們在本章學習到以下重點：

- VR 和 AR 技術可以在房地產、建築和施工領域，協助節省時間、降低成本、強化客戶體驗並簡化流程。儘管 XR 的使用相對來說還算早期（尤其是在建築領域），但我們可以期待這些技術在未來發揮更大的作用。
- 在房地產方面，VR 可以提供身歷其境的虛擬旅遊，客戶無須離開家裡即可賞屋。AR 也可以虛擬展示屋況，還能指導租戶完成一般問題查詢和故障維修。
- 在建築業方面，VR 可以應用在讓客戶「沉浸」於建築設計中。客戶可以在房子蓋好之前，先在 VR 中查看和體驗他們的房子，因此有機會可以在早期階段進行修改，進一步節省時間和金錢。
- 最後就施工現場而言，AR 已經被證明可以作為一種「視覺化」的輔助工具，除了可以提高準確性、提供安全和危險警告外，還可提高現場檢查的效率。

就像建築業者使用 VR 為客戶創造身歷其境的體驗一樣（例如讓他們在建築蓋好之前就能先參觀），飯店和旅行業者也能在旅遊相關行業裡做著類似的事。下一章我們便將探索「虛擬旅行」和「XR 強化旅行」的精彩世界。

參考來源

1. Kingdom 使用擴增實境技術協助租戶進行維修；蘇格蘭住宅新聞；https://www.scottishhousingnews.com/article/kingdom-uses-augmented-reality-to-help-with-tenants-repairs

2. 英國的工作場所致命傷害；英國衛生安全局；https://www.hse.gov.uk/statistics/pdf/fatalinjuries.pdf

3. 視覺化技術在施工現場安全規劃和管理中的作用；Procedia Engineering；https://www.sciencedirect.com/science/article/pii/S1877705817303399

4. 現代化的建築檢查方法；SRI International；https://www.sri.com/case-studies/a-modern-approach-to-building-inspections-using-augmented-reality-and-mobile-technology-to-reduce-construction-overhead/

10

旅遊和飯店接待

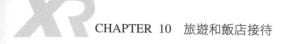

這是我最想談的行業，也是在 COVID-19 病毒危機後承受巨大損失的行業。不過現在已經充滿了希望，其中之一是來自透過 VR 和 AR 的「改善」甚至「改變」旅行業和飯店業本質的潛力。正如我們在教育章節中所見，VR 可以讓我們探索新的地點，不必親自到當地一趟，這也導致有些人猜測「虛擬旅行」是否能夠取代真正的旅行。就我個人而言，我認為應該不會，不過這種在家裡就能探索世界各地的虛擬旅行，相當具有價值，尤其可以讓我們在進行真正的旅行之前，能事先查看想去的旅行地點。因此，虛擬旅行當然是值得關注的成長領域，但就本章即將展示的內容來看，它並非 XR 在旅行業中的唯一應用。

飯店正在使用 VR 作為新的行銷工具，透過建立沉浸式虛擬旅遊來吸引客人，準確展示客人對飯店現場的期望（如果你曾經在抵達飯店後，發現設施內容圖文不符的情況，這種預先展示應該會對你具有相當的吸引力）。此外，一旦客人登記入住，飯店也可以使用創新且訊息豐富的 AR 體驗（甚至遊戲），來改善客人的住房體驗。接著是沉浸式的導航工具，可以協助你在新的旅遊地點找路，這點要歸功於覆蓋在現實街道上的超清晰 AR 箭頭方向。飯店也可以提供 VR 體驗，讓你嘗試各種不同的短途旅行和景點，這樣你就可以充分利用假期裡的有限時間，甚至也可以使用 VR 平台，直接預訂當地小旅行和租車事宜。

XR 技術提供了機會，讓我們可以克服旅行上的一些問題和不利因素。例如有些人認為它可以成為一種「環保」的替代品，取代往來世界各地的噴射機，減少與旅行相關的碳足跡。然而我們距離虛擬旅行成為常態（如果真的可能的話）的日子，恐怕還有很長的路要走。目前的 VR 很適合提供飯店或特定景點的沉浸式旅遊印象（通常只有幾分鐘），用戶可以在美麗的 360 度影片中體驗當地。不過這種方式跟現實生活的旅遊有所不同，那種感受微風拂面、古老石牆的觸感，詳細探索一個景點，聞到附近餐館散發出的料理香味、品嚐當地葡萄酒等。這就是為什麼即使是最順暢的 VR 體驗，也難以複製充滿文化氣息的三天小憩，或在美麗島嶼上度過的兩週輕鬆假期，我在本章也不會假裝它們辦得到（VR 結合觸覺和嗅覺等感覺的能力，已經變得越來越好，因此我們期待未來可以出現一些非常令人興奮的虛擬旅行）。

我認為 VR 真的很擅長讓一個地方變得栩栩如生，無論飯店、城市、島嶼度假村或特定地標都可以。正如許多旅行社和飯店所知，VR 確實可以成為旅遊業工具箱中的強大工具。換句話說，與其根據預訂網站的描述或翻閱各種旅遊指南後，才能艱難的決定好下一個度假目的地和行程，不如在將你辛苦賺來的旅遊經費投入之前，先沉浸式的體驗一下這個度假地點，也就是「購買前請先試用一下」的概念，這也就是 VR 最好的宣傳標語。如果沒有 VR 頭戴式裝置呢？沒問題。本章中的許多 VR 體驗，都是以簡單的 360 度影片形式提供，你可以透過任何網路瀏覽器觀看（當然如果能夠透過 VR 頭戴式裝置觀看，體驗一定會更加身歷其境）。

接下來還可以由 AR 技術，協助我們在抵達後旅遊地點後充分利用假期，例如使用 AR 導航工具和 AR 應用程式，提供有關當地環境的更多訊息。如同我們將在本章陸續看到，這些做法為旅行者創造了巨大的空間，將自己的旅行「個人化」，並輕鬆建立自己的自由行行程。還能幫你避開擁擠、千篇一律的城市旅遊和短途旅行。對於旅行者來說，這或許是 XR 能給旅行體驗帶來的最大優勢之一。

因此，本章的目標是在展示 VR 和 AR 如何協助旅遊業者，利用這種新的商機，緩解過去客戶的痛點，強化消費者信心（並在此過程中鼓勵預訂），以改善旅遊體驗。

虛擬旅行

雖然虛擬實境的旅行，並不會很快就取代現實生活中的旅行，但有時這些目的地的旅遊難以成行，原因可能是負擔不起旅費，或是因為全球 COVID-19 病毒大流行，阻礙了幾乎所有的休閒旅行。而且有時你可能只是想在決定下一個假期的旅行地點之前，想要先了解一下不同的地點。因此「虛擬旅行」可說是提供了一個方便的旅行體驗，讓你無須打包行李或接種疫苗（直到確定適合自己的旅行地點才需要）。事實上，現在已經有各式各樣的虛擬旅行體驗，為旅行愛好者提供了令人興奮的新視角。

Google Earth VR（Google 地球 VR）是個很好的起點，讓我們得以跨越整個世界。Google Earth VR 可以讓你前往任何想去的地方。你可以在繁忙的城市街道上漫步，或者在空中飛翔，鳥瞰胡佛水壩或山脈等美景。但 Google Earth 並不是唯一的選擇，只要瀏覽任何 VR 應用商店，都可以找到適合各種類型旅行者的體驗。舉例來說，錫安海峽體驗（The Zion Narrows Experience）會帶你來到猶他州錫安國家公園壯觀的砂岩結構上；Rio 360 則可以讓你飛越里約熱內盧，探索巴西最迷人城市的亮點；或者「羅馬重生：萬神廟」（Rome Reborn: The Pantheon）會帶你探索過去的羅馬神廟，包括它的設計、裝飾和在那裡崇拜神明的人們；也有許多關於馬爾地夫，令人驚嘆的島嶼虛擬之旅（這是我和妻子度蜜月的地方），讓你從美麗的 VR 水下體驗，一路看到飯店的虛擬之旅（稍後會詳細介紹）；而杜拜旅遊局製作的 Dubai360.com，則可讓我們鳥瞰這座城市，包括每個著名的地標建築，例如哈里發塔（Burj Khalifa）和朱美拉棕櫚島（Palm Jumeirah）等。

讓我們再進一步討論一些更詳細的 VR 體驗。例如 Oculus Rift 上的 Patagonia（巴塔哥尼亞），提供了內容相當豐富的體驗，探索菲茨羅伊峰（Monte Fitzroy）的山地景點。尤其可以看到位於山腳下偏遠的拉古納蘇西亞（Laguna Sucia）冰川湖，這是一座現實生活中難以抵達又令人驚嘆的冰川湖。整個體驗將 360 度影片與遊戲元素相互結合，你不僅可以像鳥一樣，在碧綠的湖泊周圍起飛和翱翔，還可以同時聆聽關於該地區文化、歷史和地質的解說（旁白者為麥可．布雷爾和路克．法勒，也就是創辦 Specterras Productions（光譜製作）的人，他們還描述了如此棘手的地點在拍攝上的各種挑戰）。你甚至可以在許多不同觀景點停下來，仔細欣賞這座冰川湖，包括湖岸的美麗線條和湖面上方高聳的山脊。

我也喜歡 The Redneck Road Trip（鄉巴佬小路之旅）的體驗，這是一款 360 度 VR 遊覽加州荒地和偏僻小路的體驗，由屢獲殊榮的風景攝影師羅德．愛德華斯（Rod Edwards）創作。用戶可以透過這種體驗，踏上穿越南加州這個迷人地區的公路旅行（愛德華斯將這裡描述為「攝影師的天堂」），滿足他們的沙發旅行幻想。這項體驗除了令人難以置信的優質視覺效果外，還有整個地區的手繪地圖、重要位置訊息，以及來自這些位置的「實況收音」。由於它與 Google Cardboard 結合手機的用法相容，所以你甚至不需要購買昂貴的硬體設備。

VR 還可以用來提高人們對真實世界問題的認知，這也是綠色和平組織的 VR 影片《與哈維爾．巴登一起航向南極洲》（Voyage to the Antarctic with Javier Bardem）背後的想法。這段 360 度 VR 影片讓我們可以跟著演員哈維爾．巴登（Javier Bardem），一起加入綠色和平組織的南極探險隊。雖然這不是綠色和平組織第一次在他們的工作中使用 VR 影片的方式（前兩部 VR 影片為北極之旅和 Munduruku，後者是關於亞馬遜熱帶雨林土著社群的紀錄），但南極影片特別讓人印象深刻，因為它還包括了以潛水艇潛入南極海底的 VR 影片。綠色和平組織製作這些 VR 影片的目的是利用 VR 的沉浸式特性，協助人們能夠更深入的與環境建立聯繫，並突出脆弱、危險的棲息地，所面臨到的威脅。他們基本上是想把人們設身處地的「置於」這些環境中。

我們也可以換一種角度來看，那就是 VR 可以為人們提供一種造訪和參與尚未受到破壞的珍貴地點的機會，而不會像旅遊業對原始自然環境造成破壞的情況。VR 還可能為我們提供一種在某個地點消失後，重新造訪該地的方式（雖然這種想法有點晦暗）。舉例來說，馬爾地夫正面臨海平面上升的重大威脅，根據某些科學家預測，該國大部分地區可能在下個世紀便會被水淹沒。如果我們真的會失去這些珍貴的動物棲息地和自然奇觀的話，不論是島國或熱帶雨林，VR 是唯一能夠讓我們有機會繼續參觀和紀念的最佳方式，而且有望驅使我們保護剩餘的奇觀美景。

享受飯店的虛擬之旅

在旅行業中使用 VR 最常見的方式之一，便是「先試後買」的體驗。而除了旅行目的地的選擇以外，高級飯店也正在使用 VR 來展示他們的設施和環境，讓潛在的客人在飯店房間裡到處參觀，吸引遊客點擊「立即訂房」按鈕。

這種虛擬旅遊的採用者包括馬爾地夫的一些高級度假村（其中許多行程只需使用智慧型手機、平板電腦或桌機即可體驗，亦即無須頭戴式裝置，即可探索你的下一個度假勝地）。馬爾地夫安納塔拉迪古度假酒店

（Anantara Dhigu Maldives Resort）就是其中之一，你可以在這裡探索不同的房間（範圍從海灘別墅到水上綠洲等），體驗各種水上活動（包括衝浪、帆船和水上摩托車），還能探索島嶼本身。還有馬爾地夫弗拉維里高級渡假飯店（Furaveri Island Resort & Spa），讓你不僅可以觀賞房間設施，還可以探索島上令人驚嘆的珊瑚礁，這裡離聯合國教科文組織生態保護區的哈妮法魯灣（Hanifaru Bay）也很近。

杜拜棕櫚島亞特蘭提斯飯店（Atlantis The Palm Dubai）則是另一家提供 VR 的高級飯店，他們提供了令人驚嘆的 360 度全景 VR 影片。這家五星級飯店座落著名的朱美拉人造棕櫚島上，飯店擁有私人海灘、海底水族館，甚至還有水下套房，可以讓你躺在床上，從房間和浴室的窗戶近距離觀賞海洋生物。VR 影片提供了飯店主要特色的全面導覽，包括令人印象深刻的飯店大廳、皇家橋套房（飯店裡最大的套房）、水下套房、著名的諾布餐廳、水族館、游泳池和水上樂園，還有晚上在花園裡的散步等。

這種去一趟馬爾地夫的旅遊，或是到杜拜的五星級飯店度假，絕對是相當昂貴的一次假期，所以你必須確保自己可以享受理想中的體驗（以避免萬一到了現場才發現你訂的「豪華海灘小屋」是在一片受到垃圾污染的海灘上，而且還是一間搖搖欲墜的搭棚小屋；或者宣稱豪華飯店設施，卻只蓋好了一半……）。我喜歡這些虛擬旅遊的原因，是它們可以穩固消費者的信心並鼓勵訂房，這也讓我想到了 VR 在旅行業的另一種用途。

在 VR 體驗中預訂行程

除了鼓勵客戶在購買前先嘗試之外，有些業者現在也鼓勵客戶透過 VR 來預訂行程，而非在電腦或手機上點擊滑鼠或螢幕。

Amadeus IT Group（阿瑪迪斯 IT 公司）建立了世界上第一個虛擬實境旅行搜索和預訂平台 Navitaire。該平台可以讓用戶在全球悠遊造訪不同目的地，當客戶決定要去哪裡時，還可以在平台內搜索航班、選擇飛機座位、預訂並支付旅行費用……，而且這些過程都使用 VR 體驗進行。舉例來說，你可以在虛擬日曆上觸摸日期，而非以打字輸入旅行日期，接著可以點擊虛擬的支付設備，以信用卡的虛擬版本進行支付。這個平台甚至可以讓你試駕並預訂不同款式的租賃車輛。雖然觀看該平台目前宣傳的 YouTube 影片時，使用起來可能還有點笨拙，但我們很容易看出這種技術，在將來如何與「先試後買」的旅行體驗無縫結合。換句話說，你可以先參觀飯店，比較不同類型的房間，查看當地景點，然後直接預訂住宿和航班，完全不必離開 VR 體驗。

在 VR 中試玩景點和行程

除了查看不同的飯店設施，甚至在 VR 中預訂航班之外，在旅行上使用 VR 的最佳用途之一，便是在你所選擇的旅遊目的地上，直接試玩景點和小行程。換句話說，你可以嘗試各種當地的短途小行程體驗，以決定你在度假時如何規劃自己的時間和金錢。目前世界各地的旅行體驗，都有許多不同景點和小行程的 VR 版本，例如我前面提過的 PantheonVR 萬神廟體驗等。

你也可能會遇到團隊裡有些人想進行某些短途小行程，其他人並不想去的情況（任何像我一樣經常是「三代同行」家庭度假的人，應該都知道我在說什麼）。舉例來說，「潛水」並不適合所有人，然而大家可以一起體驗虛擬潛水體驗，這可能會讓那些原先不想潛水的人改變心意。即使最後他們還是不打算加入真正的潛水之旅，至少也能讓他們享受到虛擬潛水。不論享受的是虛擬版或真實版，你們都會有某種「共同」的假期體驗。當你從真實的潛水活動回來時，他們也比較能體會為何你對潛水充滿熱情！

談到這個主題時，還有一項非常酷的虛擬潛水體驗，是關於一艘於 1659 年在冰島小島弗拉蒂附近的沉船。這艘沉船在 1992 年被發現，是目前冰島發現最古老的沉船，隸屬荷蘭的商船 Melckmeyt（擠奶女工）號，該船是在 1659 年的一場風暴中沉沒。現在，任何人都可以虛擬潛入這艘沉船並且能夠 360 度觀看全景，船上各個區域都有清楚的標示與解釋。這個虛擬潛水體驗是由海洋考古學家和冰島雷克雅維克海事博物館（Reykjavik Maritime Museum）合作建立。如果在寒冷的冰島水域潛水，不是你在度假時想做的事，你就可以透過參觀雷克雅維克海事博物館並戴上 VR 頭戴式裝置（也有 YouTube 版本），來享受三分鐘的虛擬潛水。

這些虛擬短途旅行，都可以協助度假者從假期中獲得更多享受，甚至可以讓 VR 旅行在一開始就能鼓勵客戶預訂。舉例來說，無論是來一場世界級的潛水，或是一個令人賞心悅目的文化景點等，只要讓客戶能對度假村提供的精彩短途小旅行，有更深入的了解之後，即可鼓勵他們預訂。

事實上，這是英國的湯瑪斯・庫克（Thomas Cook ）旅行社早在 2015 年就在嘗試的想法。他們的「Try Before You Fly」（出發前先試過）VR 體驗，讓店內顧客可以透過沉浸式 360VR 電影，嘗試不同的假期體驗，目的是讓更多客戶能夠在現場預訂行程。在英國、德國和比利時的湯瑪斯・庫克旗艦店都有這項服務。客戶會被邀請戴上三星 Gear VR 頭戴式裝置（三星與該活動合作），體驗一系列不同的旅行地點，包括埃及、希臘和紐約，還有一些 VR 體驗，包括了曼哈頓的直升機之旅和埃及金字塔之旅。這項活動非常成功，根據湯瑪斯・庫克的報告，在客戶嘗試了該公司的五分鐘紐約 VR 體驗後，紐約度假的預訂量增加了 190%，這也說明 VR 旅行體驗如何顯著提升旅行社的預訂量。

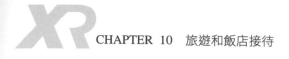

抵達當地與找路——沉浸式導航

到達目的地之後，你還可以使用 AR 來「找路」。這個想法其實很簡單：使用 AR 將導航指令疊加到用戶眼前的真實街道或位置上。聽起來很簡單吧，真的是如此。像這樣的小小進步，絕對可以讓跨國旅行變得容易許多。所以如果你迷失在繁忙的外國城市裡，或者只是難以理解 2D 地圖的話，這些酷炫的路線查找工具，便可為你提供協助。

Google 地圖是大多數人的首選導航應用程式，現在他們也為步行導航的人加入了 AR 功能。一項被稱為 Live View 的實景導航，已經在 2019 年發布，並可在所有支援 ARCore 和 ARKit 的行動裝置上，以及在 Google 已經擁有街景的任何位置上使用。這項新功能會將大箭頭和易於遵循的方向指標疊加到真實世界中，以指導用戶行走和轉彎的方向。（在撰寫本文時，還不太適用於正在開車的用戶。）

另一個例子來自 Tunnel Vision NYC（紐約市隧道視覺），這是一款將紐約市地鐵地圖變成互動式視覺化的 AR 應用程式。用戶將手機對準紐約大都會交通管理局的地圖，即可查看覆蓋在地圖上的訊息，包括交通訊息和當地社區訊息。

AR 還可以強化機場體驗。尤其當你身處倫敦蓋威克機場這類大型機場時，找到正確的路並準時到達登機口，可能會是一項嚴苛的挑戰，或者至少可能是旅客緊張焦慮的來源。因此蓋威克機場推出了一款乘客應用程式來提供協助。該應用程式利用機場兩個航站樓的 2,000 多個線路信號點，提供 AR 地圖來協助用戶以手機在機場導航。該應用程式獲得了「年度移動創新獎」（Mobile Innovation of the Year）和「年度行動裝置 app 獎」（Mobile App of the Year award），還能讓乘客及時了解自己的航班即時訊息，以及現場安檢排隊時間。

中國的叫車應用程式「滴滴出行」（DiDi，舊名滴滴打車），也內建了一種 AR 功能，可以引導乘客穿過繁忙的建築物，找到他們的上車地點。我不知道各位的情況如何，不過我的工作經常必須抵達巨大的機場或火車站，而且通常會有很多個出口，讓我找不到正在等我的計程車司機。而滴滴出行基於應用程式的 AR 導航服務，可以引導乘客穿過機場、火車站和商場等大型建築物，並與他們的司機聯絡，進而解決了這種問題。

大多數人都喜歡旅行，並且非常幸運能夠體驗世界上的不同景點。如果我們說旅行完全沒有煩人討厭的事，那就是在說謊。然而正如這些工具所呈現的，AR 確實可以協助消除旅行中的小煩惱，協助旅行者更加享受自己的旅行。

改善目的地體驗

你已經到了度假地點，成功的通過機場，抵達預訂的飯店，並且知道自己現在的位置正在四周環境裡的哪個地方。所以現在該是開始遊覽當地景點的時候了。當你拿起手機指向某個地標或景點時，無論你是在現實生活中真正站在它面前、在地圖上查看這個景點，或在飯店房間牆上查看景點的照片時，都能獲取有關該景點的有用訊息，包括位置、歷史、開放時間和入場費用等，這就是 AR 應該為旅行體驗帶來的東西。我認為在未來幾年內，這將會是一個大幅成長和改善的領域。

City Guide Tour（城市旅遊導引）是個相當不錯的範例。這是一款 AR 應用程式，可以提供有關當地景點的訊息，包括位置、景點描述、開放時間和門票價格等。在撰寫本書時，他們已經推出了杜拜、布拉格和波蘭托倫等城市的指南，巴黎及更多城市也即將推出。還有另一個例子是托斯卡尼旅遊局開發的官方 AR 應用程式 Tuscany+。在即時觀看時，你只需單擊視野裡疊加的圖標，即可獲得有關位置、地標、博物館甚至餐廳的詳細訊息，這些興趣點還會依餐飲、住宿、觀光和娛樂上色與編號。我和家人在佛羅倫斯旅遊時，也用了類似的 AR 旅行指南，雖然這項工具一定還有改進的空間，不過它確實是相當好用的工具。從本質上來看，像這樣的 AR 應用程式，可以讓旅行者為自己制訂個性化、身歷其境的自助旅行，而且不會錯過訊息豐富的內容解說。我認為在不久的將來，應該會看到 AR 旅遊指南變得更加主流、更加詳細和更具互動性。

飯店也會使用 AR 來改善客人體驗，並按需求提供訊息，讓客人的住宿體驗更加愉快。

證據顯示，這種技術對旅行者越來越重要。根據飯店管理平台 ALICE 的一項調查發現，有 43% 的旅行者想要有可以與他們的個人行動設備整合的「客房內科技」（in-room technology），這是指什麼樣的技術呢？舉例來說，英國最大的連鎖飯店品牌 Premier Inn，已經把 AR 技術運用在位於倫敦和愛丁堡的 Hub Hotels 平價飯店裡。客房內都配備互動式、風格化的城市地圖，當旅客用智慧型手機掃描時，地圖便會顯示出當地景點和各種熱門旅遊點的訊息。其他類似的應用還有位於希臘克里特島的環保飯店「橄欖綠飯店」（Olive Green hotel），也有自己的應用程式，可用來提升住宿體驗。該項應用除了可以辦理入住和退房手續、控制房間內的一切設施，並且享受「數位禮賓服務」之外，還能讓客人掃描他們床頭板上的行動條碼（QR code，而且每個房間的床頭板上都有美麗的克里特島景觀圖片），接收圖片景點的相關訊息，以及如何抵達該地點的路線圖等。

除了提供訊息以外，AR 還可用於為客人提供有趣的體驗。舉例來說，美國萬豪酒店（Marriott Hotels）與百事可樂的 LIFEWTR（美國萬豪酒店提供的官方室內瓶裝水）合作，創造了一種藝術化的 AR 體驗。當旅客用手機掃描水瓶上的特製標籤後，便可用專門為該項目委託的 18 位不同藝術家的藝術品，虛擬裝飾自己的房間。客人甚至還可以為自己的房間，建立個人數位藝術作品。而且就像本書介紹的許多 AR 體驗一樣，當然都可以在社交媒體上分享自己的 AR 創作。

飯店也可以參考寶可夢這類遊戲的玩法，建立飯店自己的遊戲體驗。早在 2016 年，加拿大的最佳西方科羅瓦套房飯店（Best Western Kelowna Hotels）就與加拿大 AR 軟體專家 QuestUpon 公司合作，在飯店空地上打造了一場互動式野生動物探險遊戲，其名稱為 BC Wildlife Adventure Quest（BC 野生冒險之旅）。他們用 AR 將加拿大的野生動物，包括麋鹿、灰熊和鮭魚躍出水面的一條小溪，疊加在飯店庭園中。

英國旅遊集團 TUI 也一直在嘗試使用 AR 來強化馬約卡島帕爾馬市（Palma de Mallorca）的景點體驗。在 2019 年開展的試辦項目中，旅行者配戴 AR 眼鏡，便可顯示出有關當地景點的訊息、影片和圖像，以便他們在遊覽美麗的城市時，了解更多相關訊息。根據 TUI 的說法，AR 將可讓遊客自己「單獨」探索各個地點（不再需要在人群雜沓的景點裡，跟緊舉著明亮旗幟的導遊前進），而不會錯過各種景點知識的說明。我認為這是 AR 在旅行中的關鍵賣點之一。我寫過很多關於商業和技術趨勢的文章，向更「個性化」的產品和服務邁進，已經是大多數行業的主要趨勢。因此，旅遊業也在尋求能為客人提供更加個性化的體驗，無論遊客在飯店內或外出探索時都能獲益。

從更廣的範圍看，許多其他飯店業、餐館和酒吧，也都加入了這個行列。還記得第 5 章的 VR 雞尾酒嗎？還有另一個 AR 雞尾酒體驗：City Social（城市社交餐廳）的 Mirage（幻象），這是由倫敦米其林星級餐廳 City Social 所設計的 AR 雞尾酒體驗。客人可以體驗將現實生活中的雞尾酒，與專門建構的 AR 應用程式（客戶在等待飲料時被告知可以下載），目的是在與觸發 AR 視覺效果的特殊杯墊相互結合。因此，當顧客在特殊杯墊上收到他們的飲料時，他們可以打開應用程式並將手機指向飲料，此時他們就可以看到以數位方式覆蓋在雞尾酒周圍的藝術設計。菜單上的每種 AR 雞尾酒都代表不同的藝術家（例如 Banksy——英國塗鴉藝術家班克西），因此顧客會根據他們點的飲料，看到不同的動畫。這些設計當然也可以擷取為照片或影片，讓客人在社交媒體分享。

有的餐廳會使用 AR 將食物圖像投射到餐桌上，你可以把它想像成相當於「先試後買」的食物。在紐約的連鎖餐廳 Bareburger 與 AR 3D 模型專家 QReal 公司，合作建立了 Bareburger 漢堡的 AR 版本，讓顧客在點餐前就可以看到漢堡的 3D 模型。根據 QReal 聯合創始人 Alper Guler 的說法，這項技術是在他努力向朋友解釋土耳其菜時所產生的想法。大家應該很容易就能理解，當你在新的地方旅行時，這會是真正有用的技術，因為你可能以前從未體驗過這種當地食物，完全不知道桌上會出現什麼菜餚。

同樣也有其他餐廳，使用 VR 創造了令人難以置信的用餐體驗。最著名的例子之一來自西班牙伊維薩島的高級美食體驗 Sublimotion（一共 12 道菜，每人收費約 2,000 美元）。這是由米其林雙星主廚 Paco Roncero 所打造的 VR 用餐體驗。他將美食與藝術、音樂和 VR 相互結合，打造一場為時三小時的盛宴，這也是世界上最昂貴的餐點之一。

目前的 VR 和 AR 雞尾酒、餐點等，很顯然的還帶著一種新事物的新奇感，並且可能會一直保持這種狀態，但它確實展示了如何使用 XR 技術，為旅行者、用餐者和客人創造一種全新體驗的能力。

我們可以從旅行和飯店接待業學到什麼？

我希望各位可以從這些來自旅遊和飯店業的迷人實際案例中得到啟發。然而這些範例如何為你的公司組織增加價值呢？對我來說，本章的重要內容包括：

- 正如我們在本書其他部分所見，「先試後買」是使用 VR 和 AR 最有效的方式之一。無論你的企業領域如何開展業務，都可以考慮你的客戶是否願意在購買前，「沉浸」在你的產品、服務或體驗中。

- 本章提到的 AR 找路工具，可說真正突出了 XR 技術如何消除日常生活中的惱人問題。因此請仔細思考你的 VR 或 AR 應用，是否有助於克服客戶最大的痛點或難題。

- 我也很喜歡 XR 讓旅遊業為旅行者創造更加「個性化」的體驗，這也是許多行業的重大趨勢。XR 工具能否讓你的企業提供更加個性化的產品，或讓客戶能夠創造自己的獨特體驗？

- 整體而言，我從本章中學到了儘管近年來旅遊業面臨重大挑戰，但仍有許多人將 VR 和 AR 作為保持競爭優勢和商品差異化的一種方式，例如杜拜和馬爾地夫的高級度假村和飯店就是如此。所以如果你的企業將自己定位為高品質產品或服務的供應商時，XR 可能會是一種「強調」這種訊息，並能為你創造競爭優勢的方式。

本章總結

我們在本章學習到以下重點：

- 雖然虛擬旅行可能永遠無法取代真實旅行，但 VR 和 AR 確實有助於改善旅行體驗。

- 虛擬飯店之旅和 VR 行程遊覽，可以向旅行者展示他們對於飯店、景點和不同行程的期望。對於旅行者來說，這種虛擬體驗的做法可以激發訂定行程的信心（因為一般的照片和描述都可能會騙人）。對於旅遊經營者和飯店品牌來說，這可能是相當有價值的行銷工具，可以增加飯店的預訂量，甚至還可以使用 VR 平台直接預訂旅行，讓旅行者無須離開 VR 即可查看目的地並進行預訂。

- AR 還可用來建立身歷其境的導航工具（例如具有 AR 箭頭與方向指引的 Google 地圖），讓你比以往更輕鬆的在沒來過的新景點找路。飯店也使用 AR 來強化客房體驗，並為客人提供更多有關當地景點的訊息。AR 還可應用在餐廳，例如在客人點菜之前向客人展示菜餚的外觀（以 3D 形式）。

接下來我們將轉向一些比較不同的行業，看看工業和製造業公司，如何使用 XR 技術讓業務更成功。

參考來源

1. 湯瑪・斯庫克虛擬實境假期「先試後買」；Visualise；https://visualise.com/case-study/thomas-cook-virtual-holiday

2. 蓋特威克機場的擴增實境乘客應用程式獲獎；VR Focus；https://www.vrfocus.com/2018/05/gatwick-airportsaugmented-reality-passenger-app-wins-awards/

3. 飯店的數位鴻溝；ALICE；https://www.aliceplatform.com/hubfs/ALICE-Hotels-Digital-Divide.pdf

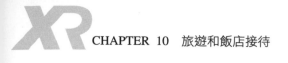

11

工業和製造業

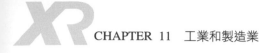

最有機會應用 XR 技術的行業，可能就是工業和製造業。事實上，根據普華永道（PwC）會計事務所的研究預估：光是在產品和服務開發方面，到了 2030 年時，VR 和 AR 應用便可以為 GDP 帶來 3,600 億美元的成長。

普華永道研究所確定的 XR 關鍵用途之一，便是「加快」產品上市時間，正如我們即將在本章看到，許多製造商正在使用 VR 和 AR 來改進產品設計和開發流程。而在製造業的其他部分，XR 技術亦可應用於規劃生產流程和設施、培訓和告知裝配人員、加快生產流程（並能減少錯誤）以及改進維護和檢查的工作流程等。XR 也被應用在石油和天然氣領域，尤其是可以為偏遠或難以進入的地點（例如海底石油平台）的工人提供導引。而在物流領域，物流公司也正在使用 AR 來強化訂單貨物的揀選流程。

由於環境設定的不同，AR 已經被證明對於製造、工業和物流公司更為適合，因為 AR 的用戶可以隨時了解周圍環境並與真實世界保持「聯繫」（你不太可能希望那些在工作中被沉重、危險和昂貴設備包圍的員工，沉浸在 VR 頭戴式裝置中）。這與凱捷管理顧問公司（Capgemini）的研究有關，他們研究發現 66% 的組織認為 AR 更適用且更可靠。而且與 VR 的沉浸感相比，他們更重視操作的部分。這項研究也反映出 AR 可用於強化與真實世界（例如機器）互動的事實，而 VR 的目的通常在於將用戶與真實世界隔離。結果不出所料，同樣的研究也發現 AR 在行業上的應用率確實高於 VR。

如果你還認為傳統製造業和工業採用新技術的速度很慢，可能必須改一下觀念。例如石油和天然氣等行業別無選擇，必須採用新興技術，以便跟上更環保的能源解決方案步伐。而在製造業中，包括機器人技術、自動化生產線和人工智慧的廣泛使用，也都證明這些行業在技術投資方面毫不遜色。所以 XR 能否成為工業和製造業的下一個重大技術趨勢呢？如果本章中的實際案例值得參考的話，我認為這是一個相當合理的推論。

最後，我希望本章的範例足以展示 XR 為製造業和工業帶來的真正好處。事實上，有許多公司都說他們在採用 VR 或 AR 後，節省了大量的成本和時間。剛剛提過凱捷管理顧問公司的研究也支持這一點，他們指出至少有 75% 的公司，在提高效率、生產力和安全性等領域，產生了 10% 以上的營運收益。換句話說，XR 已經超越了炒作的階段，正式提供了真正的價值和競爭優勢。我們將在本章中，探討這點在實際應用上的意義。

強化產品設計和生產規劃

製造業的競爭十分激烈，創新和快速將新產品推向市場的能力，是該行業成功的關鍵之一。這也是 VR 和 AR 可以強化產品設計過程之處，而且主要是在協助加速產生創意的過程。如同我們在第 9 章看到的 3D 架構範例（將 3D 模型移入 VR 中）一樣，製造過程也可以轉換成在虛擬或擴增實境中探索產品設計，因而減少建構昂貴且耗時的實體模型和製作產品原型。換句話說，可以更快速的測試設計想法，直接確定哪些設計有效，哪些無效。此外，正如我們在第 9 章所見，VR 還可以強化協作過程，為創意人員提供一個虛擬空間，分享設計想法或回饋，而且無論身在何處都可以。接著就讓我們看看 XR 技術如何強化設計過程。

蒂森克魯伯

德國工程巨頭蒂森克魯伯（Thyssenkrupp），已經開始使用微軟的 HoloLens 頭戴式裝置，改進高度客製化的「家庭移動」（電梯類）解決方案的設計過程。過去的蒂森克魯伯傳統產品設計流程，必須涉及到多個複雜的測量階段（包括攝影和手動測量數據的輸入），以便讓訂製的「樓梯升降機」（stair lifts，沿著樓梯的人員升降機）可以精確的符合每個客戶的家。這種作法雖然有效，但會導致客戶的等待時間過長。改用 HoloLens 之後，銷售人員能夠在首次造訪便測量好客戶的樓梯，而且可以為客戶提供他們家中樓梯升降機安裝後的視覺化模擬。接著這些複雜的測量數據，可以直接透過微軟的 Azure 雲端平台，自動傳送給製造團隊，完全無須手動輸入測量資料。光是這個改進後的系統，便將交貨時間縮短了 400%。

汽車設計的 XR 應用：福特和捷豹路虎

美國跨國汽車製造商福特（Ford）也使用 HoloLens 在混合實境中設計汽車。使用 HoloLens 的設計人員可以快速對車輛的變化進行建模，也就是在看得到車輛的情況下直接觀看設計上的變化，這絕對比製作粘土模型的傳統過程要快得多。雖然福特在許多情況下依舊會使用粘土模型，但 HoloLens 可以讓設計師快速嘗試各種新設計，而無須為每個設計都製作新的粘土模型。

另一個值得一提的例子是福特在 COVID-19 病毒大流行期間，使用 VR 來保持設計過程順利進行。因為當時的設計師別無選擇，都只能待在家裡工作。而福特使用 VR 頭戴式設備，讓設計主管能夠進入虛擬工作室，檢查各項新設計的進度、分享想法並以更加協作的方式進行團隊合作（雖然成員彼此距離很遠）。而且甚至在病毒大流行之前，他們就在使用 VR 將新車的設計以團隊的方式來運作（設計師在同一個房間裡）。舉例來說，大家可以一起在不同的環境和照明條件下觀看車輛設計，這樣就可以在建立粘土模型之前，進行設計上的微調。

在車輛設計過程使用 XR 技術，可以說並不算什麼新鮮事。因為早在 2008 年，英國汽車公司捷豹路虎（Jaguar Land Rover），就已經使用創新的 VR 工程和設計工作室來設計汽車。這項技術被稱為「洞穴」（The Cave），因為它看起來就像一個空房間。由於設計師可以從內到外觀看新設計在「視覺化」後的全尺寸 3D 模型，因此他們可以減少需要實際製作的原型數量，節省大量的時間和金錢。由於節省的效果太好，以至於「洞穴」在營運的短短兩年內，就幫捷豹路虎公司節省了三倍以上的設計成本。

生產規劃

XR 技術還可以使生產規劃過程受益，例如在新工廠環境中放置人員和設備位置的規劃，或是簡單的建構新產品線的規劃等。舉例來說，美國航空製造商波音公司的技師，就是使用 VR 為製造新的 737 MAX 10 飛機做準備工作。技師們使用 VR 頭戴式裝置，就能看到如何安裝起落架，以及需要什麼樣的工具。因此這種做法讓他們有機會在實際組裝開始之前幾個月，就能對潛在的夾點（pinch point，流程容易壅塞打結之處）或對新的工具設備，提供意見回饋。

XR 的規模還可以更大，甚至整個工廠車間都可以在 VR 中建模，以檢查所有工作流程上的東西，是否都以最佳方式放置和連接。透過這種方式，可以在生產流程變更或新產品在真實世界出現之前，預先使用虛擬工廠或生產線來測試工作流程。這點相當重要，因為在製造過程中有很多事情要做，例如裝配線所需的空間、安全距離、設備尺寸等。如果弄錯的話，延遲或停機都可能大幅提高成本。

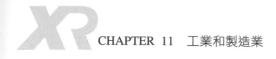

運用 AR 技術在現有工廠空間「疊加」視覺效果的方式，也很有幫助。德國汽車製造商福斯汽車（Volkswagen），便使用 AR 來改造位於田納西州查塔努加的工廠生產線。工程師使用 AR 頭戴式裝置，模擬設備在真實環境生產線上的互動方式，這種做法同樣有助於讓團隊預先發現機器之間的夾點（過去的作法很難事先找出夾點）。

德國跨國化工公司巴斯夫（BASF），也用 AR 工廠規劃軟體來結合數位世界和真實世界，並大幅加速規劃的流程。換句話說，他們可以直接在現場的現實環境中，將這些尚未存在的管道和裝配設備進行視覺化。最酷的是他們還可以即時對設計進行修改，讓工程師可以直接測試不同的「假設」場景。

使用 VR 和 AR 來培訓工人

我在第 6 章已經談了很多關於培訓和教育的內容，但是由於培訓是 XR 在製造業和工業裡的重要用途，因此我想在這裡強調兩個相關的例子。

漢威聯合

跨國工程、工業和航空集團漢威聯合（Honeywell）使用 VR 和 AR 來解決技能差距，或者說是「知識流失」（knowledge leakage）問題，亦即帶有豐富知識的老年工人退休的問題。傳統上，退休人員會被要求將他們的知識做成 PowerPoint 幻燈片或 Word 檔案，這些檔案可以在類似教室的空間中，讓新入職的員工一起共享。但該公司發現這種被動的檔案學習體驗，並不能為新員工帶來良好的知識傳承。大約三個月後，這些共享知識的保留率大約只剩 20 ～ 30%。所以他們決定為離職員工和新員工配備 HoloLens 混合實境頭戴式裝置。退休人員可以藉此準確記錄他們在工作中所做的事，新員工便可看到這些老員工的過去經驗訊息，疊加到他們自己的工作上。這種更積極的培訓形式，可以將保留的訊息的程度從原先最多 30%，提高到 80%。漢威聯合也使用相同的技術，把海上平台的維護成本降低了 50%。

勞斯萊斯

歷史悠久的英國工程公司勞斯萊斯（Rolls-Royce），為其商務航空方面的客戶（購買飛機引擎），實施了沉浸式的 VR 培訓。這種遠端的培訓方式，可以讓參與者維修勞斯萊斯 BR725 飛機發動機，只要使用該公司直接寄送到客戶家的 VR 設備，客戶便可沉浸在有講師指導、為期兩天的遠端學習課程中。沉浸式的 VR 環境可以讓參與者靠近這具引擎的虛擬版本，並與引擎和工具進行互動操作，還可觀看特定維修任務所涉及的步驟，然後在講師監督下，自己虛擬完成維修任務。

石油和天然氣業的 XR 應用

在面臨清潔能源解決方案的競爭下，石油和天然氣行業別無選擇，只能轉變流程並接受創新。XR 技術便能在這種「數位化轉型」發揮重要作用。例如協助維修人員在偏遠地區的海上鑽油平台進行維修等。換句話說，AR 眼鏡可以為現場工作人員提供如何解決問題的詳細說明，而不必將專家運送到鑽油平台上，因為那樣既費時又費錢。此外，如同我們在本書其他地方所見，VR 可以為員工提供身歷其境的安全培訓，讓他們事先為各種場景做好準備，因為這些場景在現實生活中可能太困難、太危險或太昂貴，無法在現實生活中練習或模擬。

荷蘭皇家殼牌

石油和天然氣業「超級巨頭」之一的英荷跨國殼牌公司（Royal Dutch Shell），正以多種方式在工作流程中使用 AR 和 VR。舉例來說，馬來西亞附近的馬利凱（Malikai）海底石油生產平台的工人，便接受了 VR 安全培訓。每當新團隊成員加入時，便會用 VR 培訓來節省時間，讓工人可以在踏入平台之前熟悉一切，而且通常可以改善從前面團隊到接手團隊的工作知識轉移過程。2019 年，殼牌宣布計畫使用由 RealWear 設計的 AR 頭盔，將一線現場工作人員與後台專業知識結合。這些 AR 頭盔看起來就像普通的安全帽，上面帶有微型顯示器和攝影鏡頭，而且兩者距離佩戴者的右眼很近，因此他們的一般視野並不會受到妨礙。他們可以藉此與辦公室人員分享所見與發送圖片和影片，以便即時獲得遠端的操作協助。殼牌已經計畫在全球 24 個營運地點推出 AR 頭盔。

英國石油

另一個能源「超級巨頭」英國石油（BP）則使用 HoloLensMR 頭戴顯示器，改善前端的上游業務（包括勘探、發現和產出石油與天然氣）。頭戴顯示器用來讓上游環境中的工作團隊，可以造訪「露頭」（outcrop[註]）的數位 3D 模型（也就是地球表面經歷板塊活動的區域，在石油和天然氣勘探中有相當多的專門術語）。所以用最簡單的話來說，他們用無人機捕捉到某個區域的圖像，並將這些數據資料轉換成 3D 模型，然後讓該地區的探勘團隊使用 HoloLens 頭戴式設備，對地形進行視覺化的觀察，以便為探礦策略提供訊息。

儘管石油和天然氣業面臨著相當獨特的挑戰，但這些範例顯示了如何使用 VR 和 AR，培訓並協助在危險或偏遠環境工作的任何人（不論什麼行業幾乎都可以如此應用）。

在生產和製造過程中以 XR 支援

AR 和 MR 可以為生產或組裝過程，帶來極大的優勢（VR 可能比較少，因為讓人們在裝配線上佩戴 VR 頭戴式裝置，通常不是個好主意！）像 Google Glass 這樣的 AR 眼鏡，或是 HoloLens 這樣的 AR / MR 頭戴式裝置，可以將指令和圖形疊加到現實生活中的零件和產品上，協助技術人員和操作人員更快上手，以下是它們實際使用中的工作範例。

註 地球表面突出可見的岩床或表面沉積物，可用來判斷礦藏。

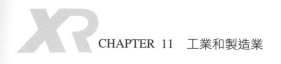

美國航空暨太空總署和洛克希德馬丁公司

美國航空暨太空總署（NASA）和國防工業巨頭洛克希德馬丁公司（Lockheed Martin）是負責建造獵戶座載人太空船的承包商（順便說一句，洛克希德馬丁公司是 AR 裝置的初期採用者，他們早在 2015 年就使用 AR 裝置來製造 F-35 戰鬥機。該公司當時曾經表示，這項技術讓工程師的工作速度提高了 30%，而準確度提高了 96%）。

洛克希德 · 馬丁公司的工程師們，正在使用 HoloLens 頭戴顯示器來加快建造獵戶座太空船，而不必依賴航空業裡常見的幾千頁說明手冊。頭戴顯示器會把設計軟體建立的 3D 模型以及特定部件的標記和說明，疊加到正在建造的太空船上。

洛克希德馬丁公司發現這些頭戴式裝置，可以大幅減少技術人員熟悉和準備新組裝任務所需的時間。該公司甚至希望有朝一日，可以讓這項技術在太空中使用，以協助太空人維護他們正在建造的這艘太空船。更有趣的是，洛克希德公司的工程師們真的每天都在使用的這具 HoloLens 裝置，到底是如何針對日常使用而設計呢？技術人員說，他們可以戴上頭戴式裝置而不會覺得笨重的最長時間，大約是三個小時。這段時間長度（至少在目前）剛好可以證明這項技術比較適合用來學習特定任務、解決特定問題或檢視螢幕指示而「定期佩戴」，並非「整天佩戴」。不過隨著科技越來越進步，這項裝置一定會變得更輕、更舒適（可參考第 13 章，更詳細了解 XR 的未來）。

BMW

接著我們來看另一個應用範例。BMW 服務中心的技術人員，正在使用 AR 眼鏡與工程師和其他專家聯繫，以解決複雜的維修保養問題。由於 AR 眼鏡提供了免持的直接影片連結，因此技術人員和專家可以一起解決問題，甚至能更有效的解決問題，讓客戶更快取回自己的車。

特斯拉

特斯拉（Tesla）在眾多汽車公司中，以擁抱新科技（從電動汽車到製造工藝自動化方面）而聞名。該公司早在 2016 年就在工廠中使用 Google 眼鏡，在 2018 年，特斯拉還申請了自己的 Google 眼鏡型 AR 眼鏡專利。這個想法是讓特斯拉的眼鏡，可以兼作安全眼鏡，並協助生產線上的工人，讓他們可以確定接點、點焊和與其他零件接口的位置。這項專利若能通過並實現的話，應該會很有趣。

奇異公司

美國企業集團奇異公司（General Electric，GE）橫跨電力、再生能源、航空和醫療保健行業。他們在位於佛羅里達州彭薩科拉的工廠中，讓組裝 GE 風力渦輪機的工人配戴 AR 眼鏡。這副眼鏡可以顯示關於如何正確安裝零件的數位說明，因此工人不必經常停下來翻閱手冊。根據奇異公司的說法，使用 AR 眼鏡與一般標準方式操作相比，在生產力上提高了 34%。技術人員還可以透過 AR 眼鏡觀看培訓影片，或者使用語音命令聯繫專家，獲得進一步的協助（工作人員可以直播他們的視野，讓專家看到他們眼中所見的畫面）。對我來說，這些例子顯示了 AR 眼鏡的用途非常廣泛，可以做的也不僅只是顯示指令訊息而已。

波音公司

我在前面提過波音公司如何使用 VR 來準備製造新飛機，但這並不是該公司使用 XR 的唯一方式。他們也測試了 AR 應用，以便讓技術人員可以直接看到互動式的 3D 線路圖。而且正如一般人所想像的，在飛機上安裝電線，真的是一項相當複雜、高風險的任務，不過 AR 眼鏡可能讓這項任務變得更為容易。傳統的飛機電線布線方法包括查看 2D 形式，而且是 20 英尺長的布線示意圖，技術人員必須將這些示意圖，理解為眼前這架立體飛機的實際線路。一旦借助 AR 之後，技術人員便可在飛機四周移動時，輕鬆查看布線的預期位置，因為這些線路圖已經覆蓋在實際的機身上。根據波音公司的研究證明，這項技術首次試用便讓布線品質提高了 90%，並將完成工作所需花費的時間減少 30%。

改善品管和檢查工作

這又讓我們巧妙的接到如何將 XR 應用在品質管控、安全檢查、維護保養等方面。我們在第 9 章看到了 VR 和 AR 如何應用在虛擬房地產參觀和建築工地檢查，因此繼續邁向製造業和行業相關檢查，似乎是這項技術很合邏輯的進一步發展。因此就讓我們看看這些公司如何在 XR 的協助下，簡化和提高各種檢查的準確性。

愛科公司

美國農業機械製造商愛科（AGCO），正在使用 AR 來製造和檢查他們生產的曳引機和其他農業設備。在 2014 年成功進行測試研究後，這項技術已經在該公司位於明尼蘇達州傑克遜市的製造廠，得到了更廣泛的推廣。愛科根據客戶的需求規格製造設備，所以每台機器可說都是獨一無二的客製化產品，也就是運用自公司的一百個基本模型，創造出幾百個潛在的衍生變型。我們可以想像的到，這種變化很可能造成裝配和品質控制上的噩夢！不過在他們使用 Google Glass AR 眼鏡後，裝配工人和品管人員可以直接觀看出現在他們眼前的使用手冊和說明，因而可以將這種小量、複雜裝配的生產時間，比過去縮短 25%，也將檢查的時間縮短了 30%。

空中巴士

製造軍用飛機和商用客機的歐洲航太公司空中巴士（Airbus）公司，正在使用無人機和 AR，徹底改善軍用飛機的維護檢查流程。配備高清攝影鏡頭和 AR LIDAR 遠端感測器技術的無人機，被用來進行空中的檢查。其生成的數據資料可以顯示在平板電腦和 AR 眼鏡上，讓專家快速辨識出任何缺陷（還使用 AI 協助發現缺陷），系統也會同時記錄下所有檢查和維護的過程。

過去的傳統檢查方法是在飛機周圍搭建鋼架，以便近距離檢查，因而可能導致意外損壞的風險。空中巴士公司表示，新的方法可以建立更安全的維護流程，降低飛機損壞的風險。更令人印象深刻的是新系統節省了大量時間，把飛機外部檢查的時間，從過去的幾週縮短到只要兩個小時。

（此外，AR 也已經在其他軍事環境進行過測試，例如協助技師對軍用車輛進行維修工作等。哥倫比亞大學的研究人員，也曾經與美國海軍陸戰隊的技師合作開發一種 AR 系統，該系統讓裝甲車輛維修的時間，比平常節省了一半。本書第 12 章會有更多類似的軍事實際應用範例。）

回到空中巴士公司，除了 AR 的應用以外，該公司也在設計和開發階段，使用 VR 來確定維護飛機的最佳方式。借助 VR 的模擬，團隊可以在設計飛機時，一併檢查維修保養動作的可行性，以便進行修改來提高可靠度，同時也能盡量降低維護成本。這個過程的傳統作法是，透過基於電腦的建模系統和數位模型來完成，然後才在開發階段透過各種維修動作的實體驗證（舉例來說，檢查技師是否能接觸到或移除掉某個零件）來完成。現在用了輕便的 VR 面罩來設計後，維修動作的驗證和確認所需時間，只需傳統方法的 25%。

XR 在物流和倉儲中的應用

XR 技術（尤其是 AR 眼鏡）可以為物流和倉儲業帶來強大的幫助。最常見的用途包括倉庫規劃（很像本章前面提到的工廠車間規劃範例）和訂單揀選（導引倉庫設施周圍的揀貨人員，確保更快速、更準確的揀貨）。最後，這種技術還可以用來簡化和精煉倉管流程，提升整個供應鏈的效率。

DHL

DHL（更精確的完整名稱是「德國郵政 DHL 集團」）是世界上最大的物流公司，該公司早在 2015 年就在荷蘭成功使用 AR 進行訂單揀選，現在也在北美地區投資 AR 技術的應用。

DHL 與客戶理光（Ricoh）和可穿戴技術專家 Ubimax 合作，於 2015 年展開一個試驗項目，他們在荷蘭的一個倉庫中測試 AR 眼鏡。這項技術是用於「視覺揀選」（vision picking），即員工透過眼鏡上顯示的圖形，在倉庫裡引導揀貨（等於我們在第 10 章看到 AR 找路範例的進階版本）。自從有了這項技術之後，員工便能加快揀貨流程並減少錯誤，DHL 的報告稱揀貨效率提高了 25%。接著在 2018 年，DHL 宣布在北美 350 個倉儲設施中（總共 430 個），推出包括 AR 在內的新興技術計畫。根據媒體報導，這筆巨額投資高達 3 億美元。

儘管倉儲業在新興技術（例如機器人技術和自動揀貨系統）方面，取得了一些重大進展，但事實上世界各地的許多倉庫，仍然依賴於傳統的清單揀貨方法，不僅速度慢也容易出錯，而且還嚴重仰賴資深人員的知識（雇用臨時工對許多倉庫來說並不理想）。AR 眼鏡可以顯示數位揀貨清單（也就是工人可以免持操作），並使用最有效率的路線，引導揀貨員到下一項物品，然後借助掃描條碼或圖像辨識軟體，協助他們找到正確的貨架。即使是揀貨流程上的微小改進，也可以為企業帶來實實在在的好處，因此這個實際案例對於任何經營倉庫設施的企業來說，相當具有前景。

將 XR 與數位孿生相結合

「數位孿生」（digital twin）是真實世界中「某物」的精確數位複製品，這個物品的範圍從整座倉庫到某個小零件，甚至是整套業務系統或工作流程等都可以。數位孿生由連接的物聯網（IOT）感測器協助建立，這些感測器從真實世界蒐集數據資料，並可發送到機器以進行數位重建。其概念是公司可以使用數位孿生，以更低的風險「測試」不同的場景，來發現有關如何改進營運的方法，甚至在真實世界發生問題之前，預先發現潛在的問題（這種預先模擬測試的作法，在製造環境中相當有用）。從本質上看，在數位孿生測試所得到的經驗與教訓，可以應用在真實世界版本上，除了提高效率外，還可以整體降低風險並提高投資報酬率。

數位孿生的概念已經存在了一段時間，但智能、物聯網設備和感測器的爆炸式成長，使得數位孿生成為企業更實惠、更容易取得的選擇。當企業使用 AR 或 VR 把來自這些數位孿生的訊息加以視覺化後，其結果更能令人加深印象。

舉例來說，AR 可以將數據即時提供給現場工作人員，以警告他們潛在的問題，並透過 AR 眼鏡甚至手機或平板電腦，直接將訊息疊加到真實世界中。或者也可將數位孿生與 VR 結合，以建立特定工作站點或場景的沉浸式 3D 示圖。這還是非常新興的技術領域，但我相信未來我們將看到數位孿生和 XR 技術的更多整合，因為企業一定希望能利用新技術來提高作業效率。

我們可以從工業和製造業中學到什麼？

如果你正在考慮在工業、製造或倉儲環境中實施 XR，我相信本章的實際案例已經提供了一些非常有價值的學習重點：

- 請先記住，XR 讓你有機會以更有效率、更身歷其境的方式進行各種計畫和測試。無論在設計或調整產品、於虛擬空間中模擬新的工作流程（如在空中巴士維修模擬），或模擬整個工廠車間的環境都很有幫助。

- AR 在製造、維護和物流環境中尤其具有價值，因為它可以讓工人隨時了解周圍環境（這點與 VR 不同，因為 VR 目的在於讓用戶完全沉浸在數位環境中）。

- 另外值得提醒的是，AR 不只是將圖形和指令疊加在真實世界上。我們還可以使用語音命令，讓配戴智慧 AR 眼鏡的工作人員，直接與另一個地點的專家聯繫，並分享他們在眼前所看到的東西，然後即時接收專家的聲音或影片指令，以及下一步該做什麼的指導。對於任何遠端工作人員或在危險、難以進入的位置上工作的人員來說，這一點確實值得關注。

- 不過目前也有一些限制必須加以考量。一方面是大多數目前的 AR 和 MR 頭戴式設備，都不太適合長期配戴使用。這點雖然可能會隨著設備變得更小更輕而改變，但依目前看來，最合適的用途是在「特定任務期間」，用來定期觀看檢查指示，即時遵循一組指令；或在執行任務之前學習任務內容，而不是在整個工作班次中一直佩戴頭戴式裝置（如果打算一次佩戴設備超過幾個小時，電池壽命也必須提升才行）。

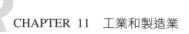

- 本章裡的一些實際案例，顯然需要龐大的財務投資，這將是大多數企業的主要考慮因素。不過就像任何新投資一樣，我們必須權衡實施新興技術與不實施的成本比較（例如不儘早投資，可能會錯過未來在成本上的節約與效率等）。

本章總結

我們在本章學習到以下重點：

- 在汽車業（以及其他許多設計行業）方面，VR 和 AR 已經大幅改進了產品的設計流程，有助於加快設計和審核討論流程，並可讓創意人員在不投資製作昂貴原型的情況下，測試自己的新想法。

- 在工業和製造業中的「培訓」是 VR 和 AR 另一個關鍵用途。根據這些公司的報告來看，VR 和 AR 技術有助於團隊之間的知識轉移，減少老員工退休時的「知識流失」，並能提高新員工的「知識留存率」。

- 石油和天然氣業的超級巨頭們，也都在培訓中使用 VR 和 AR，以便向鑽油平台和上游流程地點的工人提供指導，提高遠端操作的效率。

- 在許多地方的生產和製造過程中，AR 可以向工人提供他們需要的指導，協助加快裝配時間並減少錯誤，而無須一邊參考說明手冊。同樣的，這種技術也有助於簡化品質管控、安全檢查和維修保養流程。

- 最後，倉儲和物流業也受益於 AR，尤其是在「視覺揀貨」上的應用。揀貨人員可以由 AR 眼鏡引導穿梭在倉庫走道間，直接導引至正確的物品貨架。在 DHL 的一項研究裡，發現這項技術可以明顯提高揀貨效率。

我們在本章裡已經提過幾次，例如空中巴士公司和洛克希德馬丁公司的例子，也就是 XR 在軍事上的可能應用方面。因此接下來就讓我們更詳細地研究這個領域，探索如何使用 VR 和 AR 技術來強化軍事和執法部門的行動。

參考來源

1. VR 和 AR 如何改變製造業；普華永道；https://www.pwc.co.uk/industries/manufacturing/insights/how-vr-and-ar-transform-manufacturing.html
2. 營運中的擴增實境和虛擬實境；Capgemini；https://www.capgemini.com/wp-content/uploads/2018/09/AR-VR-in-Operations.pdf
3. 蒂森克魯伯透過 Microsoft HoloLens 轉變了家庭移動解決方案的資料交付方式；微軟；https://blogs.windows.com/devices/2017/04/24/thyssenkrupp-transforms-the-delivery-of-home-mobility-solutions-with-microsoft-hololens/
4. 捷豹路虎的虛擬洞穴；英國汽車委員會；https://www.automotivecouncil.co.uk/2010/11/jaguar-land-rovers-virtual-cave/
5. 漢威聯合利用虛擬實境和擴增實境向千禧一代傳授技能的驚人方式；富比士；https://www.forbes.com/sites/bernardmarr/2018/03/07/the-amazing-ways-honeywell-is-using-virtual-and-augmented-reality-to-transfer-skills-to-millennials/

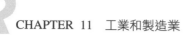

6. 殼牌透過擴增實境頭戴式裝置改進遠端操作；AREA；https://thearea.org/ar-news/shell-revamps-remote-operations-with-augmented-reality-helmet/

7. 洛克希德公司正在使用這些擴增實境眼鏡製造戰鬥機；Popular Mechanics；https://www.popularmechanics.com/flight/a13967/lockheed-martin-augmented-reality-f-35/

8. NASA 正在使用 HoloLensAR 頭戴顯示器來加速建造新太空船；麻省理工科技評論；https://www.technologyreview.com/2018/10/09/103962/nasa-is-using-hololens-ar-headsets-to-build-its-new-spacecraft-faster/

9. 特斯拉希望工人在裝配線上佩戴未來主義的擴增實境眼鏡；商業內幕；https://www.businessinsider.com/tesla-patent-reveals-augmented-reality-glasses-for-factory-workers-2018-12 ？ r=US&IR=T

10. 看起來很聰明：擴增實境在行業中看到了真正的成果；通用電氣；https://www.ge.com/news/reports/looking-smart-augmented-reality-seeing-real-results-industry-today

11. 波音公司在工廠測試擴增實境；波音；https://www.boeing.com/features/2018/01/augmented-reality-01-18.page

12. 2017 年度裝配廠：愛科以精益技術引領業界；Assembly Magazine；https://www.assemblymag.com/articles/93996-assembly-plant-of-the-year-agco-leads-the-field-with-lean-technology

13. 空中巴士在軍用飛機檢查和維護方面的創新；空中巴士；https://www.airbus.com/newsroom/news/en/2019/05/airbus-innovation-for-military-aircraft-inspection-and-maintenance.html

14. 透過擴增實境加快維護速度；麻省理工科技評論；https://www.technologyreview.com/2009/10/26/208625/faster-maintenance-with-augmented-reality-2/

15. 步入虛擬世界，加強飛機維修；空中巴士；https://www.airbus.com/newsroom/stories/stepping-into-the-virtual-world-to-enhance-aircraft-maintenance-.html

16. DHL 成功在倉庫測試擴增實境應用；德國郵政 DHL 集團；https://www.dhl.com/en/press/releases/releases_2015/logistic/dhl_successfully_tests_augmented_reality_application_in_warehouse.html

17. DHL 供應鏈投資 3 億美元加速新興科技與北美設施的整合；德國郵政 DHL 集團；https://www.dpdhl.com/en/media-relations/press-releases/2018/dhl-supply-chain-invests-to-accelerate-integration-of-emerging-technologies.html

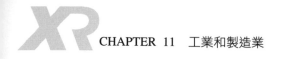

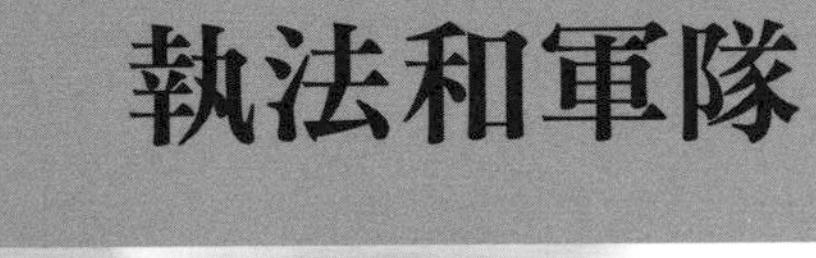

12 執法和軍隊

即使你不是軍隊或執法（law enforcement[註]）人員，本章裡的許多應用也非常鼓舞人心，它們都展示出 XR 的強大功能，以及如何使用 XR 來改進決策並確保人們的安全。我很高興能看到那些正在實際使用，或正在試驗以供將來使用的各種創新。

本章大部分的操作範例都集中在 AR 眼鏡或頭戴式裝置上，它們可用於將關鍵數據視覺化並協助制定決策。當用戶處於壓力下時，也不會分散他們對周圍發生事物的注意力（本章並未忽視 VR；我所舉的實際案例一樣能證明，VR 確實是執法和軍事服務上的寶貴培訓資源）。

AR 如何協助他們呢？在執法機構方面，FBI 表示，AR 將訊息或圖像疊加到真實世界視野中的能力，可以協助警官更有效地完成各種勤務和任務，配備 AR 技術的警官所能完成的工作，大約可以抵得上三名沒有配備 AR 技術的警官。我們將在本章介紹真實世界的實際警務案例。聯邦調查局（FBI）提出的一些 AR 應用包括：

- 為巡邏人員提供關於犯罪內容與罪犯的即時語言翻譯或情報
- 即時監督巡邏人員（還記得 AR 可用於與他人遠端分享眼前的即時訊息吧？）

註 執法人員主要指警察，但也包含政府相關機構人員，例如 FBI 探員或緝毒署幹員等。

- 即時提供城市、建築平面圖、下水道系統和公共交通路線的 3D 疊加圖像，以提高對於現場的狀態意識（situational awareness[註]）能力
- 提高 SWAT 特警隊（反恐特勤部隊）在行動期間的狀態意識能力，包含先進的光學系統，以及逃跑罪犯的紅外線熱影像
- 敵我辨識，以避免誤傷友軍
- 強化在犯罪現場蒐集訊息以進行刑事調查的能力

這些應用範圍的重點在於 AR 可以協助警方，以全新的方式解決並打擊犯罪。有鑑於我們目前生活在一個快速變化和技術進步的時代裡，這點顯得更為重要。事實上，聯邦調查局也提出警告，AR 也可能被犯罪分子和恐怖分子利用，提供了破壞社會秩序的新機會，因此這也使得執法機構在掌握這項技術的應用上變得更加重要。雖然可能還處於早期階段，但正如本章的範例所示，執法部門正逐漸往 AR 的強化智能方面轉型。

而如同整個社會的快速變遷一樣，戰爭也在不斷發展和適應新技術。因此到 2025 年底，在經常必須追求技術創新的軍隊裡，AR 市場規模估計會達到將近 18 億美元（高於 2017 年的 5.11 億美元），這個數字並不會令人感到意外。AR 無論在訓練和戰鬥環境都很有幫助（雖然 VR 在訓練中也能發揮作用，但在實戰中可能不行），最常見的用途包括：

- 提高狀態意識能力的戰術型擴增實境，即協助軍事人員更準確的確定自己的位置，並定位周圍的其他人，還可進行敵我辨識

註　意識到附近發生什麼事情，了解資訊、事件及自身的行動如何影響目的或目標，也就是即時察覺目前狀況和即將發生事情的能力。

- 改良的夜視和紅外線熱成像
- 改進的目標數據，包括與目標的距離
- 無須注視目標即可準確發射武器的能力，也就是部隊與敵人交火時，還能保持掩護的狀態
- 改善維修保養的功能（請參考第 11 章所述）

AR 在戰術環境中的優點在於，這些輔助訊息均顯示在人的視野範圍內，也就是他們並不需要低查頭看另外的偵查設備，或因分心查看而失去對周圍發生事情的關注。因為在危險的情況下，這可能意味著生與死的區別。

讓我們開始探索這一切在現實生活中的應用，先從警方開始。

執法上的 XR 應用

無論在繁忙的街道上或在犯罪現場中，AR 疊加訊息在警官視野中的能力，可以為執法人員帶來許多優勢。

即時辨識嫌犯

結合人工智慧（AI）和臉部辨識軟體後，AR 智慧眼鏡便能協助巡邏警察辨識嫌疑人。這點聽起來很神奇嗎？中國的 AR 公司梟龍科技（Xloong）早在 2017 年就為中國警方開發了智慧 AR 眼鏡，這款眼鏡也被中國執法部門，在高速公路檢查站、機場，以及包括北京在內的六個地方公安局採

用。這種眼鏡看起來有點像太陽眼鏡，不過公安（警察）可以即時連線國家資料庫的訊息，自動檢索臉部辨識、身分證以及車牌號碼等訊息。其原始目的是為了抓住罪案嫌疑人和以假身分旅行的人。這種應用當然存在人民隱私權的問題，而且這種技術很明顯的非常容易被濫用（例如用來辨識記者或抗議分子）。然而不可否認，這的確是 AR 如何為警方提供珍貴即時資訊的一個強大案例。

除了辨識嫌疑人之外，AR 眼鏡也可以用來辨識可能身體不適的人。在 COVID-19 病毒爆發期間，杜拜交通警察開始使用一種 AR 技術：他們配戴的智慧眼鏡結合了紅外線熱成像儀與 AI，可以直接測量車站乘客的體溫。義大利的羅馬菲烏米奇諾機場也採用了類似系統，只不過他們的技術是整合到頭盔中，而不是在眼鏡中上。其外表類似於警察防暴頭盔，上面帶有一個有色面罩，以及一個指向前方的大型外部熱掃描攝影鏡頭，該頭盔可以同時篩檢多人體溫。一旦發現發燒的旅客，佩戴頭盔者便會同時收到聲音和視覺上的警報提示。由於義大利部分地區受到第一波 COVID-19 的無情蹂躪，因此能夠在義大利最繁忙的機場裡，迅速準確的檢測出發燒者相當重要，而且還可以防止感染者登機。如果我們不幸在不久的將來，必須經歷另一場全球大流行疾病的話，我想類似這樣的可穿戴技術，將可在辨識感染和保持企業與公共場所開放方面，發揮更廣泛的作用。

加強犯罪調查能力

由於隱私問題，我們不太可能在街上看到一般警察配備具有身分辨識掃描能力的 AR 眼鏡（至少在西方國家應該不會）。不過我認為 AR 對警方的另一項巨大潛力是在刑事調查領域。

在犯罪現場處理並保存所有的證物，一直都是個緩慢而複雜的過程，而且最先抵達現場的警官，通常不會是最能辨識和保存證物的專業鑑識人員。如果在保存證物或保護犯罪現場發生錯誤時，可能就會妨礙案件的調查，甚至最壞的情況下，還可能導致罪犯逃脫刑責，這也就是 AR 眼鏡或頭戴式裝置可以提供協助之處。一款名為 tuServ 的警務應用程式，可以跟微軟的 HoloLens 和行動裝置配合使用，其目的在於協助先抵達犯罪現場的警察。這款應用程式可以繪製出犯罪區域，擷取數位證據（例如拍照）並且可以讓現場警察放置「虛擬標記」，因而不會干擾到實際的犯罪現場，也不會污染證據。犯罪現場的數位繪製版本也可與其他調查人員共享，讓他們可以不必親臨現場。最後甚至可以用來將調查人員送回現場（數位模擬），讓他們回憶起已經檢查過後很久的案件場景細節。

此外，荷蘭警方也已經嘗試使用 AR，遠端協助在緊急情況現場處理的警察，並使用智慧型手機或 HoloLens 來評估現場狀況。這項系統允許遠端團隊（透過警官背心上的攝影鏡頭查看現場）以虛擬方式導引警官到特定事物上（使用警官的 AR 設備所顯示的箭頭和註釋），對需要採集的或保留給調查人員的證物，提供操作說明。

使用 XR 培訓執法和軍事人員

由於我們已經在第 6 章介紹過培訓和教育，因此我不會詳述執法和軍事方面的太多培訓範例。但我確實認為這是一個商機龐大的領域，尤其是在 VR 培訓方面。因為不論從戰鬥訓練到飛行模擬器，或是警察反應訓練等，VR 都可在安全的環境下，模擬出各種現實生活中的場景。

警察培訓

範例之一來自我在第 6 章提過的 VirTraVR 警察訓練工具，它可以在幾百種模擬場景中訓練警察。更重要的是這些場景中的互動難度可以提高或降低，讓模擬訓練升級或降級，以協助學習者練習在壓力下進行決策，並學習何時可以適當使用武力。

這種模擬也可以協助警員學習察覺家庭暴力的跡象，例如威爾斯的格溫特郡警方，使用 VR 模擬讓警察為家庭暴力案件做好準備，也就是讓他們能夠練習現場決策能力與控制行為。

還有 SWAT 特警隊訓練工具，例如 Apex 警察學校的 VR 戰術訓練模擬器。這種模擬器允許學習者犯錯，也就是犯下在真實世界中可能致命的錯誤，用安全的方式從這些錯誤中學習。此外，模擬可以針對不同團隊的需求進行自訂訓練，甚至可以針對「個別隊員」的具體優勢和劣勢設計訓練。

軍事訓練

VR 在軍事訓練中最有名的應用之一，就是更逼真的飛行模擬器。事實上，美國空軍正在轉向 VR 化訓練，加速學員成為正式飛行員的過程，以解決飛行員短缺的問題，原因是許多經驗豐富的資深飛行員，都被挖角到商業航空公司。截至 2019 年為止，美國空軍短缺 800 名現役飛行員和 1,000 多名預備役飛行員，而且缺額人數預計還會繼續增加，因此空軍迫切需要提高飛行員培訓的效率。解決這項問題的方法之一，便是實驗性質的全新飛行員培訓計畫（PTN），這項計畫同時結合了 VR 和 AR 技術，以減少培訓的時間和成本，英國皇家空軍也正在參與這項計畫。

海軍陸戰隊的招募人員也一直在探索 VR 的應用，不過這次是為了吸引潛在的飛行員加入。2020 年，海軍陸戰隊徵兵司令部宣布希望購買六台最先進的 VR 飛行模擬器，用於徵兵活動。這些 VR 模擬器與傳統飛行模擬器相比，其優勢在於整組 VR 模擬器是獨立的，容易攜帶到不同的活動地點，而傳統飛行模擬器必須透過專用的 35 英尺卡車運送！

不過可用於軍事培訓的應用不光是 VR 而已。美國海軍在北卡羅來納州的安全部隊中心，測試了一款名為 TRACER（Tactically Reconfigurable ARtificial Combat Enhanced Reality，戰術性可重設人工戰鬥擴增實境）的 AR 平台。該系統主要使用現成的遊戲設備建構，包括 Magic Leap One 的 AR 頭戴式裝置和可提供逼真後座力的模擬武器。這套系統也允許教練建立不同的訓練場景，並將這些場景疊加到現實生活中，還能輕鬆的改變反對勢力和威脅的組成。海軍官員表示，這項系統還能協助他們在空間有限的船上，提供更好的訓練。

XR 在軍事中的實際應用

雖然 VR 可能對軍事訓練非常有用，但在作戰情況下，通常 AR 才能提供最有用的效能。尤其是前面提過的「狀態意識」工具，可以為配戴人員提供其周圍環境和位置相關的重要即時訊息，還可辨識附近的人是敵是友。正如我們將在本節所見，AR 甚至可以提高軍事人員的夜視能力，並為未來的「超人視覺」鋪路。

飛行員顯示器

在飛機上使用抬頭顯示器和頭盔顯示器，算不上什麼新鮮事。然而最新一代的頭盔顯示器已經變得非常先進，範例之一是來自柯林斯航太公司的 F-35 Gen III 頭盔式顯示系統，可以讓飛行員「直觀取得」飛行、戰術和各種感測器訊息，實現前所未有的飛行員狀態意識。以該系統作為飛行員的主要顯示系統時，還能提供各種令人印象深刻的虛擬功能，例如讓飛行員「透視」機身底部，直接查看攻擊目標以進行目標驗證。甚至還內建夜視模式，無須配戴單獨的夜視鏡。

「玻璃」坦克？

待在裝甲坦克裡的好處之一是你會相對安全。但缺點之一便是不容易看到外面的情況，除非把頭伸出坦克頂部，但這在戰場危險的情況下並不適合。

BAE Systems 公司是強大的 CV90 裝甲戰鬥車製造商，它們計畫透過 AR 功能來解決這個問題，製造出一種所謂的「玻璃車輛」。也就是一款不僅保持了所有常見防禦能力的戰鬥車輛，還在配備感測器和 AR 成像系統後，讓部隊在行駛的車內直接看到外面的情況，就好像坦克完全透明一樣。換句話說，使用 AR 頭戴式設備，部隊將能夠獲得 360 度的戰場視野、辨識威脅並與敵人交戰，而且所有這些動作都能在車內完成。

辨識與解除炸彈

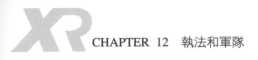

美國陸軍還試驗了軍犬用的 AR 護目鏡，它可以讓馴犬師對用來偵察爆炸物和其他危險物品的「軍犬」，發出遠端命令。雖然馴犬師可以使用手勢或雷射筆引導軍犬，但馴犬師需要在軍犬附近才能發號施令。如果使用 AR 護目鏡的話，便可以使用螢幕上的視覺提示，將軍犬引導到特定地點，亦即透過影片觀看的方式，並在安全距離下發出命令進行處理。護目鏡可以調整到適合每隻軍犬配戴，而且許多軍犬已經習慣在惡劣條件下佩戴護目鏡，因此它們只需習慣 AR 指令即可。

此外，一般的拆除炸彈小組，通常會使用 SRI International 公司的 Taurus Dexterous Robot（金牛座高靈敏度機器人）這類拆彈機器人。過去這樣的拆彈機器人是使用 3D 顯示器和遙控器進行控制，不過現在的 Taurus 機器人的手臂和爪，已經可以用 Oculus Rift 頭戴式裝置進行控制，這等於為拆彈技術另闢了一個有趣的新方向。

野外醫療

如果戰友受傷但附近沒有任何醫療人員的話，該怎麼辦？或者，如果你是照顧受傷士兵的軍醫，但最近的手術帳篷遠在幾英里之外怎麼辦？這時只要借助 AR 的應用，軍事人員和醫務人員都將更有效的應對緊急醫療狀況，甚至可以由醫務人員進行遠端指導。

這正是美國陸軍研究人員的目標之一，他們正在開發一種 AR 系統來協助檢查和治療偏遠環境中的受傷人員。AR 手術視覺化軟體，可以讓醫務人員「看到」病患身體的內部解剖結構，就像在醫院環境進行 CT 掃描一樣（或是像超人的 X 光透視眼）。

就遠端醫療指導而言，普渡大學主導的一項研究證明，醫生可以透過 AR 頭戴式裝置接收外科醫生的遠端指導，成功的在類似戰場的模擬中進行手術。在遠端的外科醫生可以看到病患的即時影像，然後在影像上或寫或繪出如何進行手術的說明指示，他們的指示也會直接出現在急救人員的 AR 裝置視野內。這項名為擴增實境遠端監控系統（STAR）的技術，已被證明可以協助經驗很少或完全沒有經驗的急救人員，成功完成常見的手術程序。各位可以回到第 7 章，了解更多醫療保健的 XR 範例，例如對受傷人員和 PTSD 病患所使用的 VR 醫療。

提高部隊的狀態意識能力

對於地面部隊來說，AR 頭戴顯示器或 AR 眼鏡，都能提供更好的狀態意識能力。如前所述，這表示他們可以精確定位自己的位置，定位出周圍的其他人，並且準確辨識出這些人是敵軍或友軍。這種顯示還可以秀出其他戰場訊息，例如與目標的距離等，讓人不禁想起類似於超人或魔鬼終結者般的超級士兵形象。

在 2020 年時，美國陸軍宣布投資 40,000 副混合實境護目鏡（大約可以發配給 10% 的軍人）。這種源自微軟的 HoloLens 技術，被稱作 IVAS（整合視覺強化系統），是一種可以即時顯示重要訊息的護目鏡，其目的在於協助部隊辨識敵軍，並能加快做出決策的速度。此外，這款護目鏡還配備了熱成像技術和夜視功能，可以讓士兵在黑暗中見物。這種系統更重要的功能在於它比手持裝置更直覺，而且更容易使用（手持系統會分散士兵的注意力）。只要使用這款護目鏡，士兵便不需要將視線移開戰場。

最後，IVAS 護目鏡還可以結合臉部辨識功能，或者與武器連動，讓士兵能夠在看不到敵人的情況下開火。也就是說，士兵可以使用這款 AR 護目鏡「看到」武器無法射擊的角度，所以他們可以只把武器伸出建築物的轉角就能瞄準射擊，而不必把頭也伸出轉角處。因此，士兵將能夠在掩護下安全射擊。

未來的機器戰士？

美國國防部（DoD）基於這種強化士兵的想法所做的一份報告顯示，大約在幾十年之內，美國軍方就可以創造出「機器士兵」，可以具有超人一般的視覺，並且能夠讓人類大腦直接連接電腦。這份標題為「機器戰士 2050：人機融合和對國防未來的影響」的報告指出「到了 2050 年或甚至更早，不論人類的耳朵、眼睛、大腦甚至肌肉的強化，在技術上都是可行的。」這種技術甚至可以允許軍隊用他們的思想控制無人駕駛車輛，並透過雙向的「腦對腦」（brain-to-brain）介面互動，在人員之間共享數據資料。

在國防部的願景成為現實之前，一定還有很多倫理和技術問題有待解決，但這無疑是未來可能發展的有趣走向之一。你可以在第 13 章閱讀到更多有關 XR 未來發展的內容。

我們可以從執法和軍事學到的東西

一般而言，本章中的實際案例，很可能無法轉移應用到其他的行業上。以下是我從本章內容所學到的重點：

- 我們可以從這些範例學到的重要內容之一便是 AR 有令人難以置信的「多功」能力，尤其是在即時數據的呈現方面。對於任何行業來說，可以直接取用、理解和處理數據的能力，都是業務能否成功的重點。AR 能否協助你的團隊更有效的使用數據資料呢？例如使用維護或裝配上的數據資料、新員工的培訓資料、產品資料或任何其他類型的業務訊息？

- 本章也強調了在某些情況下使用 AR 所面臨的重大道德問題。舉例來說，街上的巡邏員警是否應該具備可以透過 AR 眼鏡，對街上的行人進行「臉部辨識」的能力，即使這些人沒有做錯任何事情？當然，各種監視攝影機已經越來越常出現在我們的街道上，但這些攝影機通常不會被用來即時辨識個人身分。當你只是處理日常事務時，不是應該擁有個人隱私權嗎？這點是西方國家最需要解決的問題。

- 關於將人與機器結合以創造類似機器戰士的能力，也存在著重大問題。這樣的士兵會更像機器而不像人類嗎？用戶同意（自願接受）的問題與軍方的關聯為何？士兵如果被賦予超人視覺所需的眼部 AR 植入物後，情況會是可逆的嗎？我們是否正在走向一個社會的某些部分得到強化，而其他部分沒有得到強化的世界（變成二十一世紀人類社會的新階級制度）？回答這些問題顯然超出了本書的內容範圍。我可能可以就這個問題寫一整本書，不過我希望它可以當成一個警告，也就是在開發新的 XR 應用程式時，必須牢記「道德」的問題。

- 雖然 VR 可以在警察和軍事訓練中，發揮非常重要的作用（有關訓練的更多訊息，請參考第 6 章），但事實證明 AR 在戰術和作戰情況下更有效。

本章總結

我們在本章學習到以下重點：

- 在執法方面，AR 的主要用途包括即時辨識嫌疑人（透過將 AR 眼鏡與臉部辨識技術的結合），以及在犯罪現場為現場人員疊加重要訊息指示（例如保存證據），強化刑事調查的流程。

- AR 的軍事用途包括飛行員的抬頭顯示器、爆炸物的辨識和處理（包括軍犬的 AR 護目鏡）、裝甲車對外部環境的視覺化、更好的現場醫療服務（允許遠端醫務人員和外科醫生提供視覺指導），並提高戰鬥情況下的狀態意識能力。

- 美國國防部甚至勾勒在 2050 年，戰場上將出現「機器戰士」的願景。這些士兵將擁有超人的視野，以及在團隊之間以腦對腦方式共享數據的能力。

現在，說完並總結了現實生活中的所有 XR 實際案例。下一章我們就要展望未來，探索 XR 在未來幾年的可能發展。

參考來源

1. 警察擴增實境技術；聯邦調查局；https://www.fbi.gov/file-repository/stats-services-publications-police-augmented-reality-technology-pdf/view

2. 到 2025 年的軍事擴增實境市場 —— 按組件、產品類型和功能進行的全球分析和預測；Research and Markets；https://www.researchandmarkets.com/reports/4471794/military- augmented-reality-market-to-2025#:~:text=The%20military%20 augmented%20reality%20market%20is%20estimated%20to%20 帳戶 %20for,US%24%20511.8%20Mn%20in%202017。

3. 中國 AR 新創公司開發智慧眼鏡協助警察逮捕嫌疑人；南華早報；https://www.scmp.com/tech/start-ups/article/3008721/chinese-ar-start-develops-smart-glasses-help-police-catch-suspects

4. 美國服務測試基於 VR 的飛行訓練工具；Halldale Group；https://www.halldale.com/articles/15752-us-services-testing-vr-based-flight-training-tools

5. 美國募兵單位希望以尖端的 VR 飛行模擬器來吸引飛行員加入；Military.com；https://www.military.com/daily-news/2020/05/25/marine-recruiters-want-cutting-edge-vr-flight-simulators-attract-pilots.html

6. 美國海軍測試 TRACER 擴增實境作戰訓練平台；Naval Technology；https://www.naval-technology.com/news/us-navy-tests-tracer-augmented-reality-combat-training-platform/

7. AR 戰爭：軍隊如何使用擴增實境；TechRadar；https://www.techradar.com/uk/news/death-becomes-ar-how-the-military-is-using-augmented-reality

8. 擴增實境工具可以協助外科醫生在類似戰場的場景中遠端指導急救人員；普渡大學；https://www.purdue.edu/newsroom/releases/2020/Q3/augmented-reality-tool-shown-to-help-surgeons-remotely-guide-first-responders-in-fattle-like-scenarios.html

9. 「混合實境」護目鏡將賦予美軍士兵超級視覺；Popular Mechanic；https://www.popularmechanics.com/military/a30898514/mixed-reality-goggles-army/

10. 國防部研究小組表示，機器戰士可能在 2050 年問世；陸軍時報；https://www.armytimes.com/news/your-army/2019/11/27/cyborg-warriers-could-be-here-by-2050-dod-study-group-says/

13

展望未來

還記得我在第 1 章中，曾經簡述了未來在真實世界和虛擬世界之間的界線，將會越來越模糊。在本書的最後一章裡，我將更深入探討未來的願景，探索 XR 技術的發展方向，以及這點對人類來說，可能意味著什麼樣的未來？

XR 技術的發展，正在快速迎向我們

XR 介面正在不斷發展，因此在未來，我們很可能會以無法想像的方式體驗 XR。不過就目前而言，有許多已經迫在眉睫的技術進展，相當值得期待。我們將會擁有更快、更輕、更實惠的 VR 技術，包括為 VR 體驗帶來逼真感受（例如觸覺）的配件。智慧型手機技術的進步（例如更好的相機）也意味著我們可以在手機上享受更流暢的 AR 和 VR 體驗。而借助 5G 無線網路，我們也能在世界任何地點享受這些技術。以下是一些即將問世的 XR 重大進展。

LiDAR：為智慧型手機帶來更逼真的 AR 創作

Apple 和其他手機廠商的許多最新手機和平板電腦，都已經配備了 LiDAR 技術，其目的在於強化設備的 AR 功能。但什麼是 LiDAR 呢？LiDAR（Light Detection and Ranging，光偵查和測距，一般稱為「光學雷達」或簡稱「光達」）系統，是由發射脈衝光的雷射器材和測量光反彈所需時間的接收器組成，其功能在於建立周圍環境的 3D 圖像。

LiDAR 可用在各種不同功能上（例如掃地機器人和自動駕駛汽車用它們來了解周圍環境），但這裡最令人感興趣的是 LiDAR 的 AR 強化能力。在手機或平板電腦中的 LiDAR，可以協助手持設備建構更好的感知攝影鏡頭所拍攝的圖像，而這點反過來又可以協助應用程式，以更逼真的方式添加 AR 的創作。更重要的是，由於 LiDAR 建立了 3D 環境地圖，因此它可以為 AR 創作提供深度感，而非看起來像平面的、類似於貼紙的圖形。它甚至還能允許遮擋下的顯示，亦即原先任何位於 AR 前面的真實物體，本來都會遮擋它的疊加圖形（舉例來說，人們的腿在街上經過時，會短暫遮擋住街道上的寶可夢角色）。這項功能對於使 AR 創作看起來「更像」出現在真實世界裡的樣子來說相當重要，也可避免 AR 體驗出現在錯誤位置的瑕疵。LiDAR 還可能讓虛擬試穿應用程式成為主流，因為它可以比標準相機更準確地映射身體位置，因此可以真實查看衣物在顧客身上的實際外觀。

最重要的是，雖然雷射或感測器聽起來可能沒有什麼，但是將 LiDAR 系統整合到日常手機和平板電腦中，就可能成為 AR 技術上的重大突破。

VR 頭戴顯示器的新進展

VR 頭戴式設備除了變得更小、更輕、佩戴更舒適之外，也已開始整合新的內建功能來強化 VR 體驗，最明顯的進展就在手部追蹤和眼動追蹤方面。

Oculus Quest 2 是第一款配備手部追蹤技術的頭戴式裝置，不過我們也可以期待其他主流供應商，很快就會效仿推出。手部追蹤（準確反映用戶的手部和手指運動）的優點在於它可以讓 VR 用戶在 VR 體驗中更具表現力，並在更深的層次上與遊戲或 VR 體驗互動聯繫。因為現在他們可以用手直接控制動作和其他元素，不必使用笨重的手把控制器。手部追蹤也可為社交 VR 平台交流和 VR 會議有所幫助，因為它讓我們以更自然的手勢進行交流，就像我們在現實生活的行為一樣。

眼動追蹤也被證明是另一個重要的 VR 發展里程碑。我在第 3 章談過眼動追蹤的工作原理（以及眼動追蹤對個人隱私的潛在影響），所以各位可以回到第 3 章快速複習一下。HTC VIVE Pro Eye 是第一款採用眼動追蹤技術的主流頭戴式裝置（雖然把 1,600 美元的價格說成「主流」，可能有點牽強）。但我們有理由期待更經濟實惠的頭戴式裝置，例如 Quest 2 也能及時採用這項技術（譯註：根據官方說法要等到下一代才會加入眼動追蹤功能）。為什麼呢？因為儘管目前還存在著隱私問題和潛在的缺陷，然而眼動追蹤確實有助於提供更流暢、更精緻的 VR 體驗。因為系統可以只把最佳解析度和圖像品質，集中在用戶眼睛正在觀看的圖像部分（也就是人眼的正常運作方式），除了可以減少了系統負擔，還能減少延遲並降低噁心反胃的風險。如果再與手部追蹤技術結合的話，眼動追蹤還能創造出更沉浸、更直觀的 VR 體驗。

即將上市的 VR 新配件

除了畫面更流暢的頭戴顯示器外，我們還可以期待大量其他 VR 新配件和硬體進入市場，它們的目的都是與頭戴顯示器一起使用，以刺激我們的感官。這些配件將大幅超越目前 VR 頭戴式裝置和控制器所能提供的視覺、聲音和基本的振動，讓 VR 的體驗感受更加真實。

我最喜歡的配件之一就是「機器靴」（robotic boots）。是的沒錯，我說的就是機器靴。我們可以思考一下，在虛擬空間中移動的 VR 體驗可能會受到的限制之一，就是我們無法在現實生活的房間裡，以符合虛擬漫遊的移動方式走相同距離，因為最後一定會撞到牆壁和家具！這就是為何有些人在 VR 體驗中一段時間便會感到反胃，因為他們的眼睛告訴自己正在移動，但大腦知道自己的身體並未以同等的距離移動。因此新創公司 EktoVR，打算透過可穿戴的機器靴來解決這個問題。這種靴子可以提供行走的感覺，以配合你在 VR 頭戴式裝置中的運動（你實際上並未大幅移動）。Ekto One 機器人靴看起來有點像未來的溜冰鞋，只是它們的底部不是輪子，而是可以根據穿著者運動方向移動的旋轉小圓盤。當你在 VR 體驗中向前走時，靴子會將你的腿往後拉，帶給人一種實際行走的感覺。將來這類配件可能都會被當成 VR 體驗的普遍組成部分之一。

如果你不喜歡穿機器靴，另一種解決移動反胃問題的方法是「全向跑步機」（omnidirectional treadmills）。這種跑步機可以讓你的身體維持在同一個地方，但是你的腳可以在跑步機上全向滑動。如果這種機器看起來有點像電影《一級玩家》的電影內容，而不像現實生活裡的產品時，請各位查一下 VR 新創公司 Virtuix 的 Omni One 家用 VR 跑步機。Omni One 是一款小型、光滑的圓形跑步機，配有身體安全帶，可在你的雙腳滑過平台時，將你的身體固定在適當位置，你的雙腳運動便會轉化為 VR 環境內的移動。

其他的感覺呢，例如觸覺的部分？其實我們也已經有了可以提供觸覺回饋的觸覺手套和 VR 套裝之類的穿戴配件，它們可以透過振動來模擬觸摸的感覺（在第 3 章有更多關於觸覺的內容）。事實上，VR 體驗的全身套裝已經上市了，TESLASUIT 的觸覺套裝就是其中之一，不過對於一般的 VR 用戶來說，並不一定都能負擔得起。也就是說，它們必須更快的變得更加實惠、主流和有效，好讓 VR 體驗再一次飛躍的發展。簡而言之，觸覺將使 VR 感受更加身歷其境和逼真。舉例來說，如果你在玩殭屍遊戲時，可能會在逃跑時感覺到殭屍正抓住你的手臂……各位可以想像一下，這種被抓的感覺，將對動作遊戲產生什麼樣的影響。

將觸覺提升到一個全新的感受

展望未來，除了目前上市的觸覺套裝（可能較為笨重且穿起來不舒服）之外，開發人員也已經在努力建立下一代可穿戴式的觸覺解決方案。這些新設計將可為 VR 體驗帶來更真實的觸感，甚至可以複製人類的觸感。而且在未來很有可能讓人感覺起來，比人類的觸覺更好。或者至少是一種與眾不同的人體觸感和互動方式。

範例之一是西北大學的科學家們正在研究的一種實驗性的「觸覺貼片」，它可以提供遠距離的人類觸覺。這種輕巧、可穿戴的無線貼片，提供了一種真實觸摸的感覺，可以對應於其他連線用戶的動作。舉例來說，工作中的父母可以輕輕拍打 VR 界面，在家中佩戴觸覺貼片的孩子，便可感受到舒適的輕拍。重點是這種觸覺貼片只有幾釐米的厚度，而且具有彎曲的能力，因此可以舒適的直接戴在皮膚上。未來這種技術也可以與社交媒體或聊天應用程式結合使用，即使你與另一半分隔兩地，也可以給她一個充滿愛意的輕拍或撫摸。這種在聊天類應用程式上的調情方式，一定相當有趣！

在瑞士洛桑聯邦理工學院也有類似的研究，這裡的研究人員創造了一種柔軟、有彈性的人造皮膚，可以用來提供觸覺回饋。這種整合了感測器和執行器的薄膜，基本上可以用充氣和放氣的方式提供觸覺，目前也已經在人類手指上成功進行測試。像這樣的技術，當然也可以在 VR 中創造觸摸不同物體的感覺。

還有一些正在進行中的項目，想要把嗅覺帶入 VR 體驗中。範例之一是 Feelreal 面罩原型，他們打算結合嗅覺以及其他類型的觸覺感受，包括熱、風、水霧和振動等。Feelreal 的「氣味產生器」套件是由可更換的不同氣味盒組成，這些氣味盒裝有香味膠囊，可以釋放火藥或薰衣草之類的氣味。製造商也打算生產與食品行業使用的香味相關的氣味盒，這點很可能會徹底改變基於旅行和飯店接待的 VR 體驗。因此，在不久的將來，這樣的技術很可能會被整合到現有的 VR 頭戴顯示器上。

最令人驚訝的是，氣味甚至可以融入 AR 體驗。英國克蘭菲爾德大學的科學家們，為基於氣味的 AR 體驗做了一項概念設計，可以讓 AR 體驗強化用戶的嗅覺。當然從這種概念到真正實現，還有很長的路要走，但有趣的是認為 AR（不光只有 VR）也可以變得更加刺激和身歷其境的想法。正如我在本書開頭所說，我們必須記住 XR 的應用範圍應該算是一種「光譜」上的變化，因此不同 XR 技術之間的區別，在未來一定會變得更加模糊。

將 XR 技術植入人體？

VR 人造皮膚是一回事，但 XR 技術還能跟人體更無縫的整合嗎？

範例之一是 AR 隱形眼鏡。雖然頭戴式的 AR 眼鏡一定會變得更好、更便宜也更舒適，但未來隨著可能出現的 AR 隱形眼鏡普及後，AR 眼鏡也可能會變得過時。這就是總部位於加州的新創公司 Mojo 願景（Mojo Vision）的「願景」（請原諒我的雙關語）。該公司在 2020 年發表聲明，說他們正在開發帶有微型 LED 顯示器的 AR 隱形眼鏡，可以直接將訊息放置在佩戴者的眼睛裡。在撰寫本文時，Mojo 的鏡片正處於原型階段，臨床實驗也還需要幾年的時間才能完成。不過美國 FDA 已經授予其「突破性設備」（breakthrough device）地位（這種官方認可的目的在於讓業界出現的突破性醫療設備，可以有更快的上市途徑），這當然是一種鼓勵。

大家可以想像一下 AR 隱形眼鏡的用途。根據 Mojo 目前的說法，它的首要任務是協助視力不佳的人（提供更好的對比度或放大物體的能力），但最終目的是讓這些鏡片可以提供給一般消費者使用，並可用在告知使用者健康追蹤統計數據，以及其他有用數據之類的東西。事實上，當他們向記者展示原型時，這種鏡片會顯示如簡訊、天氣預報等預先加載的資料，這也就證明了 AR 隱形眼鏡可以協助我們以新的方式觀看內容。它甚至還可以協助我們在視線不佳的環境條件下強化視力（即使視力正常的人也需要的情況），當然也可以作為演講活動的讀稿機。除此之外，正如我在本書開頭所說，這項技術最後可能會導致我們自己強化對於周圍世界的看法。你可能立刻想到視野會不斷受到干擾的情況；Mojo 表示，只要借助圖像辨識技術，這些 AR 鏡片裡的鏡頭就能辨識用戶正在進行的活動，因此不會在不合時宜的時候打擾他們。

人體與科技的這種融合，不禁讓人想起第 12 章所提到的超人「機器戰士」。一般民眾真的可以像魔鬼終結者一樣，四處走動，放大遠處的物體，並直接在視野中接收各種訊息嗎？假設 Mojo 的 AR 鏡片是一個起點的話，那麼在未來一定有可能發生。

另一種目前也處於起步階段的相關視覺技術是「仿生眼」（bionic eyes），這是一種眼睛的功能性植入物。如果你同意「仿生肢體」這種人與機器的結合，可以用來協助截肢者的話，那為何「仿生眼」不行呢？

仿生眼目的在作為未來視力不佳或失明的解決方案之一（就像人工耳蝸可以恢復人的聽力一樣），不過仿生眼與 MojoAR 鏡片一樣，未來也可能會對一般消費者發售。事實上已經有各種仿生眼正在開發中，例如 Argus II 視網膜假體系統（Retinal Prosthesis System），其目的在於恢復與年齡有關的黃斑部病變患者的視力。這種系統可以將視網膜植入物與裝有攝影鏡頭的眼鏡相互結合；即攝影鏡頭拍攝佩戴者所看到的任何東西，然後將這些圖像轉換為無線傳輸到視網膜植入物的訊號。傳入的訊息會被傳送到視神經，再經過大腦處理訊息，讓佩戴者得以「看到」圖像。ARgus 系統的早期測試結果，已經可以讓患者感知形狀，不過還無法感知顏色，所以目前這項技術還只算是處於早期階段而已。

如果談到眼睛植入物或 AR 鏡片就被嚇壞了的話，請戴好你的眼鏡。因為人機互動的下一個新發展，就是把我們的大腦直接連接到電腦或 VR 體驗上！

這就是「神經 VR」（neuralVR，類似概念為 VR 腦機介面）的目標。神經 VR 的基本概念是讓用戶在虛擬世界中，以「思想」來操縱物體並控制運動。換句話說，未來的 VR 系統可以利用「腦電波」為用戶創造全新的沉浸感。

總部位於波士頓的新創公司 Neurable，已經在這個領域開展研究，打算製造一種能夠破譯大腦活動、了解用戶意圖，並將其轉化為虛擬實境操作的感測器。這是相當可行的，因為我們在真實世界所執行的每一個動作，包括走路、端起一杯咖啡，甚至打字等，都會產生腦電波。這些腦電波經過記錄和解譯後，就可以讓 VR 系統在虛擬世界產生相對應的動作。這項研究對於神經受損的康復方面產生了重大影響；虛擬實境和腦機介面的結合，很有可能讓身體受損的病患恢復運動，或是指導病患進行量身訂製的復健訓煉。

這種可以使用大腦控制外部設備的「腦機介面」概念，簡直就像「科技界的聖杯」一樣的地位。而伊隆・馬斯克（Elon Musk，特斯拉等企業創辦人）的 Neuralink 項目，正在開發一種可以讓人腦和智慧型手機應用程式之間「雙向溝通」的植入物，該公司也希望盡快開始並擴大到人體試驗。Neuralink 的目標是協助大腦功能嚴重受損的人，如果成功的話，甚至還可以得到更廣泛的應用。Facebook 也在開發自己的腦機介面，希望可以直接從大腦中解碼出語音的部分。

在 Facebook 和伊隆・馬斯克等大咖對這項技術的大力支持下，成為現實可能只是時間問題而已。如果與 XR 技術相結合的話，也將徹底改變 XR 體驗，並可能改變 XR 的整體性質。我的意思是這樣在未來，腦機介面可以直接將圖像、聲音和觸覺投射到大腦中。也就是可以欺騙我們的大腦，讓它看到和感受到不存在現實中的東西，最後將會使外在附加式的 XR 技術，變得多此一舉。

當然到實際應用可能還需要幾年甚至幾十年的時間。而且在我們到達這一步之前，一定還需要克服巨大的道德挑戰。但作為對未來可能發生事件的預言來說，絕對是可以相信的事。老實說，我發現腦機介面的想法，既令人毛骨悚然又令人興奮。舉例來說，讓盲人恢復視力，或為所有人提供驚人的夜視能力，這些可能性聽起來都很酷。不過這種把自己連接到機器介面的方式，可能會令人感到懷疑，例如你真的希望 Facebook 知道我們的每一個想法嗎？我並不願意。後續也還有一個更大的問題亟待解決：人與機器的結合，會挑戰我們對「人類」在意義上的理解嗎？

所以我們到底該何去何從？

如果用反烏托邦風格來描繪這一切，可能會比較容易。就像一道溜滑梯，從 AR 隱形眼鏡開始，到人類永久連接到 Matrix（母體）結束！不過，我對 XR 的未來依舊感到非常樂觀。當然，一定會有道德問題必須克服，也還有許多困難的問題有待回答，但這是任何新技術領域都會面對的問題。而且跟任何新技術的發展一樣，我們都無法還原到技術尚未發明的時刻（本章提到的所有內容，幾乎都已經在開發中）。如何應用這些新技術取決於我們自己。為了每個人的最大利益，我們必須選擇以最合乎道德的方式使用 XR 技術。換句話說，我們必須為了科技而避免純科技化。

而且，毫無疑問的，這些技術的潛在優點相當多。在我看來，優點可能遠遠超過所面臨的問題。當然對於企業來說，XR 為推動業務成功，提供了開闊的空間，讓企業與客戶的互動可以更深入，也能建立沉浸式培訓解決方案、簡化製造和保養維修的流程，還能為客戶提供解決問題的創新方案。我希望本書的範例能夠激起你的興趣，吸引各位嘗試這些令人著迷的新科技，或者至少願意了解更多關於它們的訊息。當然在這些頁面裡的某些實際案例，看起來可能相當花俏，不過大多數都是正面且鼓舞人心的範例，尤其是在改善教育和醫療保健方面。正如我在本書開頭所說，XR 就是將訊息轉化為體驗，以便讓我們在生活上的許多方面，可以變得更加豐富和充實。這也就是為什麼我相信 XR 有潛力造福整個社會，造福我們這一代的人以及後世子孫。

分享你的意見

我很想聽聽各位對 XR 及其應用的看法。雖然我很高興可以寫出這本書，但我更渴望在這些書頁之外建立直接的對話。因此，請各位讀者隨時提出你的疑問、分享你的任何 XR 成功案例，或者如果你在運用未來科技方面需要協助的話，也請與我們聯繫。

你可以在以下平台上與我聯繫：

LinkedIn: Bernard Marr

Twitter: @bernardmarr

YouTube: Bernard Marr

Instagram: @bernardmarr

Facebook: facebook.com/BernardWMarr

各位可以造訪我的網站 www.bernardmarr.com，獲取更多相關內容，也可加入我的每週通訊，我會在通訊中分享各種最新訊息。

致謝

非常幸運能夠在一個如此創新和發展快速的領域工作，也很榮幸能夠與各行各業的公司和政府組織合作，以更好的方式，使用最新的技術，提供真正的價值。這項工作讓我每天都能學習，沒有它就不可能有這本書。

我要感謝許多幫助我走到今天的人。感謝與我共事過的這些公司裡，許多重要人士信任我的協助；而且就像作為回報一樣，他們還給了我許多新的知識和經驗。我也必須感謝所有與我分享他們想法的人，無論是親自聯絡我、部落格文章留言、書籍網頁或任何其他形式的分享。感謝你們的慷慨，讓我每天都能吸收你們分享的所有意見！我也有幸認識這個領域的許多重要思想家和思想領袖，我希望你們都能知道：我非常重視你們的投入和我們之間的交流。

還要感謝我的編輯和出版團隊的所有協助和支持。任何一本書從構思到出版都是一整個團隊的努力，我非常感謝你們的意見和協助，感謝 Annie Knight、Kelly Labrum 和 Debbie Schindlar。

最重要的感謝，要留給我的妻子克萊兒和我的三個孩子索菲亞、詹姆斯和奧利弗。他們給了我靈感和空間去做我最喜歡做的事：學習和分享，並讓我們的世界變得更美好。

關於作者

伯納德·馬爾（Bernard Marr）是世界知名的未來學家、影響者和商業科技領域的思想領袖。他是 19 本暢銷書的作者，為《富比士》商業雜誌撰寫定期專欄，並為許多世界上最知名的公司、組織，提供各種建議和指導。他在社交媒體上的追蹤人數有 200 萬之多，而且被 LinkedIn（領英）評為全球前五名的商業影響者之一。

伯納德協助過許多公司、組織及管理團隊，提前為「第四次工業革命」做好準備。所謂第四次工業革命是由延展實境、人工智慧、大數據、區塊鏈、雲端計算和物聯網等創新技術推動。他曾與許多世界上最知名的公司、組織合作，或是為他們提供建議，這些業界知名的公司包括亞馬遜、微軟、Google、戴爾、IBM、沃爾瑪、殼牌、思科、滙豐銀行、豐田汽車、諾基亞、沃達豐、T-Mobile、NHS、沃爾格林聯合博姿、英國內政部、國防部、北約、聯合國等。

讀者可以在 LinkedIn、Twitter（@bernardmarr）、Facebook、Instagram 和 YouTube 上與伯納德聯絡，參與各種正在進行的對話，訂閱伯納德的 podcast，或前往造訪 www.bernardmarr.com 網站，獲取更多相關訊息以及幾百篇免費文章、白皮書和電子書等。

若想與伯納德討論任何諮詢工作、演講活動或行銷服務，請發送電子郵件至 hello@bernardmarr.com 與他聯繫。

他在約翰威立（John Wiley & Sons, Inc.）出版的其他書籍包括：

《實踐中的科技趨勢：推動第四次工業革命的 25 項科技》（Tech Trends in Practice: The 25 Technologies ThatARe Driving the 4th Industrial Revolution）

《實踐中的人工智慧：50 家成功企業如何使用人工智慧和機器學習來解決問題》（Artificial Intelligence in Practice: How 50 Successful Companies Used AI and Machine Learning to Solve Problems）

《實踐中的大數據：45 家成功企業如何使用大數據分析獲得非凡成果》（Big Data in Practice: How 45 Successful Companies Used Big Data Analytics to Deliver Extraordinary Results）

延展實境｜消費者體驗的大革命

作　　者：Bernard Marr
譯　　者：吳國慶
企劃編輯：莊吳行世
文字編輯：江雅鈴
設計裝幀：張寶莉
發 行 人：廖文良

發 行 所：碁峰資訊股份有限公司
地　　址：台北市南港區三重路 66 號 7 樓之 6
電　　話：(02)2788-2408
傳　　真：(02)8192-4433
網　　站：www.gotop.com.tw
書　　號：ACV043800
版　　次：2022 年 08 月初版
建議售價：NT$380

國家圖書館出版品預行編目資料

延展實境：消費者體驗的大革命 / Bernard Marr 原著；吳國慶譯.
-- 初版. -- 臺北市：碁峰資訊, 2022.08
面； 公分
譯自：Extended Reality in Practice
ISBN 978-626-324-264-7(平裝)
1.CST：虛擬實境
312.8　　111011766

讀者服務

- 感謝您購買碁峰圖書，如果您對本書的內容或表達上有不清楚的地方或其他建議，請至碁峰網站：「聯絡我們」\「圖書問題」留下您所購買之書籍及問題。（請註明購買書籍之書號及書名，以及問題頁數，以便能儘快為您處理）
http://www.gotop.com.tw

- 售後服務僅限書籍本身內容，若是軟、硬體問題，請您直接與軟體廠商聯絡。

- 若於購買書籍後發現有破損、缺頁、裝訂錯誤之問題，請直接將書寄回更換，並註明您的姓名、連絡電話及地址，將有專人與您連絡補寄商品。